COOKING
巧厨娘

第**3**季

健康 宝宝餐

编著 ▶ 圆猪猪

青岛出版社
QINGDAO PUBLISHING HOUSE

国家一级出版社
全国百佳图书出版单位

　　盼了整整十个月零一周，我家的宝宝佑佑终于呱呱落地了。作为一个新手妈妈，要学习的知识太多了。从一开始的母乳喂养，到配方奶的选择、辅食材料的选购及制作、喂养的量及餐数、营养的搭配、色泽的搭配等等，都是需要学习的地方。

　　在我小时候，妈妈都是以米汤、肉粥、鱼粥等几种简单的食物作为我的辅食。等我生宝宝了才了解到，原来只给孩子吃这些食物是不够的，因为婴儿时期正是孩子发育最旺盛的阶段，0~3岁是宝宝脑部和身体发育的黄金时期，对营养物质的需求比成人更高、更全面。宝宝的健康成长，绝对离不开均衡饮食。宝宝的早期辅食不仅能提供给他所需要的各种营养素，同时也是让宝宝开始适应生存环境的媒介物，能为宝宝以后的健康成长打下良好的基础。

　　现在市面上有很多方便的罐头辅食，对于忙碌的妈妈而言，当然非常便利，但是，市售的宝宝辅食在部分营养素上仍无法与妈妈亲手制作的辅食相比。况且工业化生产的食品，难免会添加一些色素、保鲜剂等添加剂，这些都是对宝宝健康不利的物质。妈妈亲手做的辅食，才是最安全、最可靠的。让我们一起自己动手，给宝宝最天然、完整、新鲜的食物吧。

　　在此祝愿所有的读者阖家幸福安康！祝您的宝宝健康成长！

囡啫啫

2015年1月

目录 Contents

Part 5
宝宝食疗餐点

宝宝生病护理及饮食调理

拍图片，看视频

拍图片
看视频

本书运用了新的图像增强技术。您只需免费下载"云拍"软件，用手机摄像头拍一下本书中有 📱 标志的美食图片，就有更多精彩视频为您免费奉上！

"云拍"在各大应用市场及
软件市场均可免费下载

Part 1

宝宝餐里满满都是妈妈的爱

I 工欲善其事，必先利其器

做宝宝美食
必备工具

1 电压力锅 给宝宝煮粥、炖汤、蒸肉都很方便，按下设定的程序，或是用预约程序，到设定的时间就可以享受美味了。我给宝宝做辅食，大部分是靠它。

2 多层蒸锅 用来蒸包子、馒头等面食，或者做蒸菜，一次可以蒸三层，省时省力。

3 电饭煲 如图这款电饭煲带有"宝宝粥"功能，用这个功能煮出来的粥口感更为细腻。妈妈们也可以购买"宝宝粥煲"，体积比较小，有预约功能，每天都能给宝宝喝上新鲜的粥。

4 豆浆机/米糊机 如图这款是"孕婴专用豆浆机"，有"蔬果米糊""益智米糊""果汁"等多种功能。这款米糊机的容量比较小，适合给宝宝做米糊。

5 多功能搅拌机 用来搅拌果汁，还可以研磨虾皮粉、坚果粉等。

6 多功能搅拌棒 用来搅肉、搅拌果汁，还带有一个打蛋器头，做蛋糕的时候可用来打蛋。

7	食物研磨器	这个是我用到最多的器具，有榨汁、研磨功能，还有过滤功能。切记一定要选购大品牌的，要无毒，无色。
8	宝宝餐具	给宝宝购买餐具，应选择质地上佳的，要光滑如瓷器却又很轻薄，上色要均匀，不烫手，不怕摔，不变形，保温性能要好。买回家后要用开水煮半小时，晾干后再煮半小时，如此反复四次，才可以给宝宝用。若发现有发白处或黑点，则是质量不过关的次品，不可以给宝宝用。
9	电动打蛋器	配有打蛋头、搅面棍等配件。其中打蛋头多用来打发蛋白、全蛋、鲜奶油、黄油等，搅面棍用来搅拌含水量65%左右的湿性面团。

Ⅱ 常用调味料称量换算表

轻松量取原配料

1.量匙（右图。不同量匙略有不同，具体见匙身标注）

1/4小匙=1/4茶匙=1.25毫升
1/2小匙=1/2茶匙=2.5毫升
1小匙=1茶匙=5毫升
1大匙=15毫升

1.25ml
2.5ml
5ml
15ml

2.量杯（右图）

1/4杯=60毫升
1/3杯=80毫升
1/2杯=125毫升
1杯=250毫升

常用调味料换算表

干性材料	液体材料
细盐1小匙=5克	清水1大匙=15毫升=15克
细白砂糖1小匙= 4克，1大匙=12克	清水1杯=250毫升
鸡精1小匙=5克	生抽1大匙=15毫升=15克
玉米淀粉1大匙=12克	植物油1大匙=15毫升=14克
中筋面粉1小匙= 2.4克，1大匙 =7克	蜂蜜1大匙=21克

做宝宝美食
常用食材

蔬菜类的选购及处理 ▶▶

在给宝宝添加辅食时，各种各样的蔬菜是必不可少的。新鲜的绿叶菜、瓜果、根茎类蔬菜等，可以给宝宝提供各种丰富的维生素及矿物质。要注意选择应季的蔬菜，掌握正确的挑选方法，并采用合适的方式进行处理。

1. 西蓝花（盛产期1、2、11、12月）

西蓝花富含蛋白质及维生素C，有防癌抗癌、增强肝脏解毒能力的功效。

选购西蓝花时要选颜色墨绿、小花苞紧闭的，这样的才新鲜。若色泽泛黄、小花苞开放，表示存放过久，已失去营养价值，不宜选择。

TIPS：西蓝花虽然营养丰富，但常有残留的农药，还容易生菜虫，所以在加工之前，可将菜花放在盐水里浸泡15分钟，菜虫就跑出来了，还可有助于去除残留农药。另外，在煮汤时也要先汆烫一下。

2. 玉米（盛产期6月~8月）

亦称玉蜀黍、苞谷、苞米、棒子，粤语称其为粟米。

做菜多用甜玉米，选购时以选色泽呈金黄色、颗粒饱满的，用手指可以很容易地抠出玉米粒，捏破后有汁流出的最佳。

3. 黄瓜（盛产期3月~8月）

也称胡瓜、青瓜，含丰富的维生素C、维生素E等。

清洗时最好是用牙刷在流动水下刷

洗干净。选购时以色泽青绿、身形细长、表面带刺的为好，口感鲜嫩。

4. 胡萝卜（盛产期1、2、12月）

含有大量胡萝卜素，具有益肝明目、增强免疫力、降血压等功效。购买时以根茎细小、表皮光滑、富含水分的为佳。若表皮开裂、干燥，则说明已不新鲜。加工前最好是用刀削去表皮。

TIPS：酒与胡萝卜不宜同食，会造成大量胡萝卜素与酒精一同进入人体，在肝脏中产生毒素，引发肝病；白萝卜与胡萝卜最好不要同食，因白萝卜主泻、胡萝卜为补，同食则功效相抵，造成浪费。

5. 菜心（盛产期2月~5月）

又名菜薹，品质柔嫩，风味可口，富含叶绿素、钙质及维生素C。

购买菜心时要选叶子碧绿、底部根茎细小的，用手撕开表皮时不会拉出很长的一段表皮，这样的菜心很细嫩。如果根茎粗大、表皮厚、叶片宽大，则为老菜心，口感不佳。

TIPS：菜心容易生虫，如果看到叶片上有些许虫洞，是正常现象，完全没有虫洞的反而不安全，可能是菜农施用了过多的农药。在加工前要用淡盐水浸泡15分钟，再反复冲洗净方可。

6. 菠菜（盛产期5月~8月）

菠菜中含有大量的β–胡萝卜素和铁，也是维生素B$_6$、叶酸、铁和钾的极佳来源，具有促进细胞增殖、改善贫血等功效。

选购菠菜以菜梗红短，叶子色泽浓绿，新鲜有弹性的为佳。

TIPS：若将菠菜与豆腐共煮，须先将菠菜用沸水焯烫后再煮，不然菠菜中的草酸容易与豆腐中的钙质生成草酸钙，妨碍消化。

7. 娃娃菜（盛产期9月~12月）

娃娃菜的体型比大白菜小很多，菜帮小，叶细嫩微甜。大白菜成熟收割后，用土把菜根埋住，之后根部又会发芽，这个新芽长成的菜便是娃娃菜。

市场上面常见的假冒娃娃菜是用不成熟的普通白菜取心做成的，区别真假娃娃菜主要有以下两个方面：一是外形，真的娃娃菜颜色微黄，帮薄，褶细。二是口感，真的娃娃菜细嫩，味道微甜。

8. 圆白菜（盛产期9月~12月）

也叫包菜、莲花白、卷心菜。常见的圆白菜有两种，一种为扁圆形，叶片偏软，口感较甜；另一种较圆似球形，叶片比较硬。

圆白菜的营养价值与大白菜相差无几，其中维生素C的含量还要高出50%左右。此外，圆白菜富含叶酸，这是甘蓝类蔬菜特有的，所以特别适合孕妇、贫血患者多吃，也适合想要美容者多吃。

选购圆白菜时以掂一掂手感较重的为佳，最好表面留有几片绿色叶子，洗菜时再将绿叶剥去。

9. 番茄（盛产期5月~8月）

又名西红柿，含有丰富维生素、蛋白质、糖类、有机酸、纤维素。坚持每天吃50~100克鲜番茄，即可基本满足人体每天对维生素和矿物质的需要。

选购番茄时要选果形周正，色泽红亮有光泽，表皮无裂口、无虫斑，手捏的感觉软中带硬，顶端的蒂把完好的。若蒂把干结，表示已经存放了一段时间；若蒂把脱落，手捏感觉很软则非常不新鲜。

TIPS：未成熟的青色番茄含有毒物质龙葵碱，会导致中毒，所以一定要吃已完全变红的番茄。

10. 茄子（盛产期6月~9月）

富含维生素P及维生素E，有保护心血管及抗癌、抗衰老的功效。茄子属于寒凉性质的食物，所以多在夏天食用，有助于清热解暑。

北方多见圆茄子，南方多见长茄子，选购时均以表皮色泽泛紫、身形细长、手压有弹性的为佳。如上部细、下部粗，表明已经过老，中心会有茄籽出现，口感不佳。

TIPS：茄子性凉，脾胃虚寒、哮喘者不宜多吃。

11. 青红椒（盛产期5月~8月）

辣椒含维生素C的量居蔬菜榜首，并具有驱寒、止痢、杀虫、增强食欲、促进消化的功效。

辣椒的种类很多，一头尖一头宽的，有红、绿两色的，为尖椒，较辣，适合做湖南菜、四川菜等；外形呈圆形如灯笼般，有红、黄、绿三色的，为彩椒，不辣且微甜，适合做西餐或不带辣味的餐点。

不论哪种青红椒，选购时均以表皮光泽发亮、蒂把完整、手捏硬实的为新鲜。色泽深的比较辣，色泽浅的较不辣。

TIPS：食辣要适度。过于偏爱辣味，易造成脏腑阴阳失调，产生疾病。

12. 黄豆芽（盛产期1月~12月）

黄豆芽是用黄豆浸水发芽而成的，具有清热明目、补气养血等功效。

选购时以根茎粗壮、豆瓣呈黄色、饱满无黑点为佳。黄豆芽富含维生素C，这是一种水溶性维生素，烹调时要迅速，或用油急速快炒，或用沸水略汆即取出调味食用。黄豆芽的风味在于脆嫩的咬感，煮炒得太过熟烂，就会导致营养和风味尽失。

TIPS：黄豆芽性寒，慢性腹泻及脾胃虚寒者忌食。

13. 绿豆芽（盛产期1月~12月）

是用绿豆浸水发芽而成的，根茎较黄豆芽细小。绿豆芽含有丰富的维生素C，有清热解毒的功效。选购时以根茎粗壮、豆瓣饱满无黑点为佳。

TIPS：豆芽性寒，十分适于夏季食用。烹调时应配上一点姜丝以中和寒性。

14. 马铃薯（盛产期1月~4月，12月）

又称土豆、薯仔。马铃薯具有很高的营养价值和药用价值，不仅是蔬菜，亦可作为主食，比大米、面粉具有更多的优点，除能供给人体大量的热能外，还能提供蛋白质、多种矿物质和维生素等，被称为"十全十美的食物"。

选购马铃薯时以表皮完整、无皱缩、无绿色、无芽眼，手感沉重的为佳。

TIPS：发芽的马铃薯会产生有毒物质龙葵素，食用后会导致中毒。

15. 槟榔芋（盛产期9月~12月）

也叫荔浦芋，主产于广西、福建等地区，含粗蛋白、淀粉、多种维生素和无机盐等营养成分，口感粉糯，香气浓郁，具有补气养肾、健脾益胃之功效。

芋头选购时以手感沉重，表皮无明显黑斑、凹坑的为佳，表皮自然纹路越密集越好。芋头容易内部发烂，所以在购买时要尽量挑没有很多泥土附着，能看清表皮的，如有黑斑说明里面可能已经烂心了。

TIPS：芋头含有难消化的淀粉质和草酸钙结晶体，所含黏液物质会引起皮肤过敏，因此在削皮时要带上手套再操作。

16. 芋艿（盛产期9月~12月）

又称小芋头，营养成分与槟榔芋相同，口感细腻，但香味较淡。选购时以个头圆，表皮纹路清晰、密集的为佳。

芋头多用来做焖煮菜，如芋艿焖生蚝、芋艿焖黄腊丁等。

芋艿皮会造成皮肤过敏，但如果先放锅里煮熟后再剥皮，就不会手痒了。

17. 荸荠（盛产期11月~12月）

又称马蹄，是一种生长在水田中的多年生草本植物，呈扁圆形的地下茎部分供食用。荸荠具有清热润肺、生津消滞、舒肝明目的功效，加入菜肴中可增加爽脆、清甜的口感。选购时以个头大、皮薄肉嫩、水分充足、清甜无渣的最佳。

给宝宝挑选适宜的水果 ▶▶

　　有的妈妈喜欢给孩子买价格贵的、漂亮的进口水果。殊不知正因为那些水果价格高，商家会努力保鲜，并使成品看起来漂亮，因而使用了很多保鲜剂。这样做的结果，不但会导致维生素损失，而且有些物质让宝宝吃了，有害而无益。我通常只给宝宝吃当季、本地产的新鲜水果，而在水果摊上摆的最多、最便宜的，就是本地的、当季的水果了。以下列举几款常见水果的挑选及处理方法。

1. 香蕉（盛产期9月~2月）

　　适宜宝宝： 6个月以上的宝宝

　　营养价值： 香蕉肉质软糯，味道香甜可口。香蕉的糖分可迅速转化为葡萄糖，立刻被人体吸收，是一种快速的能量来源。香蕉属于高钾食品，钾对人体中的钠具有抑制作用，所以多吃香蕉可降低血压，能预防高血压和心血管疾病。很多母亲喜欢在孩子便秘时给孩子吃香蕉，因为香蕉内含有丰富的可溶性纤维素，也就是果胶，可帮助消化，调整肠胃机能。但是要注意的是，一定要选用熟透的香蕉，因为生香蕉性涩，吃了反而会加重便秘。

　　挑选： 以表皮金黄、光滑，果实饱满，无虫眼的为佳。

　　预处理： 在运输过程中一般要使用杀菌剂和消毒剂，特别是收割完成后，香蕉的根一般会用防腐剂泡过。所以购买后要切除根部1厘米左右，才能安心食用。

2. 苹果（盛产期7月~11月）

　　适宜宝宝： 6个月以上的宝宝

　　营养价值： 苹果含有丰富的碳水化合物、维生素和微量元素，尤其是胡萝卜素的含量较高，另外含钙量也比一般水果要丰富得多。苹果含果胶，有保护肠壁、活化肠道内有益细菌、调整胃肠功能的作用。吃较多苹果的人远比不吃或少吃苹果的人感冒几率要低。所以，有的科学家和医师把苹果称为"全方位的健康水果""全科医生"。

挑选：若是红富士苹果，一要看苹果柄是否有同心圆，这样的苹果日照充分，会比较甜；二要看苹果身上是否有条纹，条纹越多的越好；三要看颜色，越红越艳的好。

若是黄元帅苹果，则要挑颜色发黄的，麻点越多的越好；用手掂一下重量，轻的比较绵，重的比较脆。

预处理：由于苹果在栽种过程中可能使用了大量的农药或化肥，食用时假如没有彻底清洗干净，那些残留在表皮的化肥、农药就会进入人体内，可能导致白血病等多种疾病。在清洗时最好是用流动的清水，用海绵洗碗刷反复搓洗干净表皮。若表面有果蜡，可用少量的盐揉搓表皮，然后再清洗即可去除。

3. 梨（盛产期6月~10月）

适宜宝宝：6个月以上的宝宝

营养价值：梨中含有大量的糖类、维生素C、胡萝卜素，还含有蛋白质、钙、磷等物质，具有降压、清热、镇静的作用。梨中还含有B族维生素，能保护心脏，减轻疲劳，增强心肌活力，降低血压。

挑选：应挑选大小适中、果皮光洁、果肉软硬适度，果皮无虫眼和损伤，闻起来有果香的梨。底部花脐部凹坑深的，味道要比凹坑浅的好。

预处理：在清洗时最好是用流动清水，并用海绵洗碗刷布反复搓洗干净表皮。亦可削皮食用。

TIPS：梨性寒凉，腹泻的宝宝不宜多吃。

4. 橘子（盛产期10月~11月）

适宜宝宝：6个月以上的宝宝

营养价值：橘子的营养十分丰富，1个橘子几乎就可以提供人体每天所需的维生素C。另外，橘子中含有170余种植物化合物和60余种黄酮类化合物，其中大多数都是天然抗氧化剂。橘子有降血脂、抗动脉粥样硬化等作用，对于预防心血管疾病的发生大有益处。

挑选：表皮颜色要金黄，个头要中等大小（因为个大则皮厚，果肉不饱满；个小则发育不好，味道欠佳）；用手指轻压橘子，弹力好的为佳；皮要薄，透过橘皮能闻见阵阵清香，用手轻捏表皮会冒出汁水来的，才是新鲜的好的橘子；看底窝，从侧面看，有长柄的底部凹进去的较好，底部平坦或外凸的则欠佳；底部捏起来感觉软的，多较甜；捏起来硬硬的，一般皮较厚，吃起来口感多半较酸。

无论是柚子、橘子还是橙子，都要选手感沉甸甸的，外皮要光滑，这样的才好吃。不过冬天流行的砂糖橘除外，这种小橘子反而要选皮粗糙的，光滑的不好。

预处理：用手触摸一下表皮，看是否有东西黏在手上，如果有，要用清水清洗干净之后再剥皮。

TIPS：橘子性温，宝宝食用过量会引起上火。

5. 葡萄（盛产期7月~10月）

适宜宝宝：6个月以上的宝宝

营养价值：葡萄味道酸甜可口，营养价值也很高，能补虚健胃、帮助改善睡眠等，受到很多人的欢迎。身体虚弱、营养不良的人，多吃些葡萄或葡萄干，有助于恢复健康，因为葡萄含有蛋白质、氨基酸、卵磷脂、维生素及矿物质等多种营养成分，特别是糖分的含量很高，而且主要是葡萄糖，容易被人体直接吸收。

挑选：

①新鲜的葡萄表面会有一层白色的霜，用手一碰就会掉，所以没有白霜的

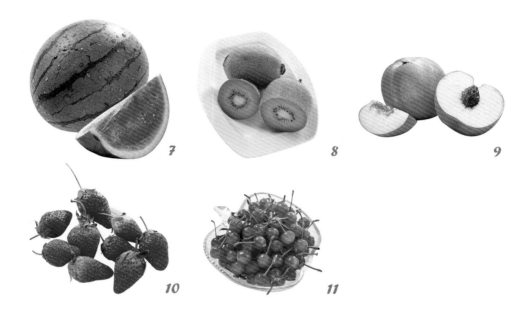

7   8   9

10   11

葡萄可能是被挑挑拣拣剩下的，白霜都掉了。但需要注意的是，绿皮的葡萄看不出白霜，这个方法不适用。

②新鲜的葡萄果梗硬，果梗与果粒之间比较结实；储存时间长的葡萄，提起果梗时果粒就摇摇欲坠，甚至一拽就掉，这说明果梗部分可能开始腐坏了。选葡萄还可以闻一闻，开始腐坏的葡萄都会产生酒精的味道。

预处理：将葡萄从蒂部剪断，放在淘米水或加面粉的水中浸泡10分钟，再取出放在网筛中，用流动水反复冲洗干净。洗葡萄时，千万不要把葡萄蒂摘掉，去蒂的葡萄若放在水中浸泡，残留的农药会进入水中，再进入到果实内部，造成更严重的污染。

TIPS：便秘宝宝和肥胖宝宝不宜多吃葡萄。

6. 哈密瓜（盛产期6月~10月）

适宜宝宝：6个月以上的宝宝

营养价值：哈密瓜不但风味佳，而且营养价值高。据分析，哈密瓜的干物质中，含有糖分4.6%~15.8%，纤维素2.6%~6.7%，还有苹果酸、果胶物质、维生素A、B族维生素、维生素C、尼克酸以及钙、磷、铁等矿物质。其中铁的含量比鸡肉高两三倍，比牛奶高17倍。

挑选：有网纹的哈密瓜成熟时，瓜的后端果柄处略显凹陷、光滑，网纹密布。无网纹或半网纹的哈密瓜，成熟时后端果柄处变得色泽鲜艳、花斑明显、茸毛脱光、表皮坚韧、手感光滑。有些品种的哈密瓜成熟到九成时，果柄部会产生离层，容易自然脱落。

再有，可以看瓜皮上面有没有疤痕。疤痕越老的哈密瓜就越甜。最好的哈密瓜就是那些疤痕已经裂开的，虽然看上去难看，但是这种哈密瓜的甜度高，口感好。相反，越是卖相好、看着漂亮的哈密瓜，往往是生的，不好吃。所以瓜的纹路越多，越丑，就越好吃。

预处理：用清水将表皮洗净，用刀剖开，用汤匙将瓜瓤部分掏干净，割去表皮即可。

TIPS：哈密瓜含糖量很高，不要给宝宝过多食用。

7. 西瓜（盛产期7月~8月）

适宜宝宝： 6个月以上的宝宝

营养价值： 西瓜堪称"瓜中之王"，味道甘而多汁，清爽解渴，是盛夏佳果。西瓜不含脂肪和胆固醇，含有大量葡萄糖、苹果酸、果糖、蛋白质、氨基酸及维生素C等物质，是一种富有营养、纯净、安全的食品。

挑选：

①看瓜底部，圆圈越小的，且瓜屁股突出的，表示是甜瓜。反之，瓜底部圆圈大而内凹的瓜不甜。

②看瓜蒂，新鲜而弯曲的，表示是新采摘的瓜；反之，瓜蒂干枯的，表示采摘已久，瓜不新鲜了。

③看瓜的纹路，纹路清晰，表皮光亮、光滑的是好瓜。瓜的一边会有些黄白色的皮，这是因为瓜靠在地上，太阳晒不到的缘故。这个黄色部分越少越好。

④听声音。看瓜的外表都符合以上条件时，还要听听拍瓜的声音。一手捧瓜，另一手拍西瓜，如果听到"咚咚"的声音，像在拍装满水的肚子一样，有些空洞的声音，那就是又甜又多汁的好瓜。如果听到"扑扑"的声音，像拍脑门一样，那就是没熟透的瓜。

TIPS：西瓜是生冷之品，性寒凉，吃多了易伤脾胃。空腹吃过多西瓜，还可能引起咽喉炎。

8. 猕猴桃（盛产期9月~11月）

适宜宝宝： 8个月以上的宝宝

营养价值： 猕猴桃也叫奇异果，其维生素C的含量在水果中名列前茅，一颗猕猴桃能提供一个人一日维生素C需求量的两倍多，被誉为"水果之王"。此外，它还含有丰富的维生素E、钾、镁、纤维素，以及其他水果比较少见的营养成分——叶酸、胡萝卜素、钙、黄体素、氨基酸、天然肌醇等。猕猴桃的钙含量是葡萄柚的2.6倍、苹果的17倍、香蕉的4倍，维生素C的含量是柳橙的2倍。

挑选： 一看外形，果形规则呈椭圆形，表面光滑无皱，果脐小而圆且向内收缩；要选头尖尖的，不要选扁扁的像鸭子嘴巴的，这种像鸭嘴巴的是使用了激素造成的，像鸡嘴巴的则是没用过激素或少用激素的。二看颜色，要选接近土黄色的，这是日照充足的象征，也更甜。果皮呈均匀的黄褐色，富有光泽；果毛细而不易脱落的为佳。另外，不要选硬硬的猕猴桃，真正熟透的猕猴桃整个果实都很软。

预处理： 用利刀将猕猴桃对半切开，用汤匙将果肉挖出来食用即可。

TIPS：腹泻的宝宝不宜吃猕猴桃。

9. 桃子（盛产期5月~9月）

适宜宝宝： 10个月以上的宝宝

营养价值： 桃的果肉中富含蛋白质、脂肪、糖分、钙、磷、铁和B族维生素、维生素C及水分。另外桃子中还含有苹果酸和柠檬酸。桃子中的糖分主要是蔗糖，含有的纤维成分也是非常丰富的，可利尿、通便。

挑选： 一看外表，质地好的桃子个大、色泽鲜艳，而质地差的桃子有点发育不良，个小且色泽灰暗。二看色泽，尽量挑那种红色和淡红色的桃子。三闻味道，好的桃子应有清新的果香味。不必忌讳带虫眼的桃子，因为桃子只有发育成熟、质地清甜，才会招致虫子的"青睐"。

桃子有硬果肉和软果肉之分，硬桃子爽脆清新，软桃子松软甘甜。

预处理： 取一大盆水，倒入水量1/10的白醋，将桃子放在醋水中浸泡10

分钟，再取出用洗碗刷将表面的毛刷洗干净。

TIPS：未成熟的桃子不能吃，否则会引起腹胀或生痢疾。即使是成熟的桃子也不能吃得太多，否则会令人生热上火。

10. 草莓（盛产期4月~6月）

适宜宝宝：12个月以上的宝宝

营养价值：每100克草莓果肉中含糖8~9克、蛋白质0.4~0.6克，维生素C 50~100毫克，比苹果、葡萄高7~10倍。而它所含苹果酸、柠檬酸、维生素B_1、维生素B_{12}，以及胡萝卜素、钙、磷、铁的含量也比苹果、梨、葡萄高3~4倍。德国人把草莓誉为"神奇之果"，是很有道理的。草莓的营养成分容易被人体消化、吸收，多吃也不会引起受凉或上火，是老少皆宜的健康食品。

挑选：挑选的时候应尽量选色泽鲜亮、有光泽，结实，手感较硬者。太大的草莓忌买，过于水灵的也不能买。不要买长得奇形怪状的畸形草莓。应挑选表面光亮、有细小绒毛的草莓。

预处理：

①用流动的自来水连续冲洗几分钟，尽量除去草莓表面的病菌、农药及其他污染物。

②把草莓先后用淘米水（宜用第一次的淘米水）及淡盐水（一面盆水中加半调羹盐）分别浸泡3分钟。这两种溶

液的作用是不同的，碱性的淘米水有分解农药的作用；中性的淡盐水可以使附着在草莓表面的昆虫及虫卵浮起，便于被水冲掉，且有一定的消毒作用。

③用流动的自来水再次冲洗草莓，将残留的淘米水和淡盐水以及可能残存的有害物质都冲净。最后用净水（或冷开水）冲洗一遍即可。

11. 樱桃（盛产期5月~6月）

适宜宝宝：12个月以上的宝宝

营养价值：在水果家族中，一般含铁量都较低，但樱桃却卓然不群，一枝独秀：每百克樱桃中含铁量多达5.9毫克，居于水果首位；胡萝卜素含量比葡萄、苹果、橘子多4~5倍。此外，樱桃中还含有B族维生素、维生素C及钙、磷等矿物质。

挑选：

①看颜色。红色品种的樱桃，若颜色深红或者偏暗红色，通常就比较甜，鲜红色的会略微有点酸。黄色品种的樱桃，味道比红色品种的要好。

②看大小、形状。虽然市面上的樱桃有大有小，这属于品种问题。同品种樱桃，个头大的较好。另外整个樱桃呈形似"D"的扁圆形状，果梗位置蒂的部位凹得越厉害的樱桃会越甜。

③看硬度。用手轻轻捏一下樱桃，如果是有弹性、很厚实的，说明樱桃很甜、水分比较充足。反之，如果樱桃很软，则说明熟得过度了。

④看有无褶皱。吃樱桃最重要的是新鲜，如果樱桃果皮表面有褶皱，表示果实出现脱水，可能已变质或缺失水分，这样的不要挑选哦。

预处理：将樱桃的蒂把摘除，用盐反复搓洗，将樱桃表面的蜡质洗干净，再用清水反复冲净干净即可。

IV 宝宝断奶全攻略

为什么要给宝宝断奶？ ▶▶

虽然母乳是宝宝最好的食品，但其所含的营养只能满足6个月前宝宝的需要。随着宝宝逐渐长大，母乳中所含的营养成分越来越不能满足宝宝的需要，宝宝长到一定时候，只有把奶断掉，让他吃到各种食物，才能保证宝宝得到充分的营养，健康地成长。

即使母乳充足，也不要舍不得断奶。断奶太迟，孩子不能及时吃到更多食物，摄入的营养素就不能满足生长发育的需要，影响宝宝的健康成长；断奶也不宜过早，由于宝宝消化能力弱，吃的辅食过多，会引起消化不良、腹泻等胃肠系统疾病，导致营养不良。

何时给宝宝断奶为佳？ ▶▶

一般来说，宝宝在1岁左右开始断奶比较合适，这时宝宝已能适应一些食物，也长出了几颗乳牙，开始有了咀嚼能力，胃肠道消化功能也逐渐增强，为断奶准备了条件。断奶以春、秋季节最为适合，如断奶月龄适逢夏季，天气炎热，宝宝常因断奶哭闹，还易引起胃肠道疾病，可适当将断奶时间推迟至秋季。如妈妈在6个月时母乳已不足，需要喂其他代乳食物及辅食，而此时宝宝生长发育情况也很好，就可以早些将母乳断掉。但宝宝生病时不宜断奶，否则会加重病情或引起其他疾病，应待痊愈后再断奶。

断奶时须注意以下几点 ▶▶

1. 少吃母乳，多喝配方奶

开始断奶时，可以每天都给宝宝喝一些配方奶，也可以喝新鲜的全脂奶粉。需要注意的是，应尽量鼓励宝宝多喝配方奶，但如果宝宝想吃母乳，妈妈也不该拒绝。

2. 先断掉夜里和临睡前的奶

大多数的宝宝都有半夜吃奶和晚上睡觉前吃奶的习惯。可以先断掉夜里的奶，再断临睡前的奶。

3. 不要采取强迫、恐吓的手段断奶

如采取在奶头上涂辣味、苦味或带色的东西等手段强迫宝宝断奶的方法是不可取的。应该把辅食做得色、香、味俱全，使宝宝喜欢吃，久而久之，宝宝就不愿再吃奶了。

4. 断奶期间要加强护理

宝宝断奶期间，要加强护理，注意观察宝宝的大便是否正常，体重是否减轻，发现异常情况时，要及时处理，不能听之任之。

断奶食品不宜添加盐和糖 ▶▶

宝宝消化功能不健全，肾脏等器官功能不完善，过多的盐会加重肾脏负担，损害肾脏功能，甚至发生高血压等儿童成人病。过多的糖使牙齿脱钙、软化，容易发生龋齿，引起反酸，高渗性腹泻，同时也会伤及脾胃消化机能，影响食欲。建议宝宝食品中尽量不加食盐，糖的添加量一定要适量，以帮助宝宝养成健康的口味习惯。如果出汗多，食欲差可以适量加些盐和糖，但不能以成人的口味咸淡为标准。

断奶食品要从添加辅食开始 ▶▶

1. 断奶开始先喝米粥

断奶刚开始时喝米粥比较好。大米中不含导致食物过敏的谷胶，而且味道清淡，容易消化。进入断奶期之后，可以在米粥中加入蔬菜和肉类食物。

如果宝宝顺利进入断奶期，那真是值得高兴的事情，但不可能每个宝宝都能如此顺利。就像人们拥有各自不同的面孔一样，宝宝的断奶过程也会各不相同。因此，即使自家宝宝断奶不很顺利，也不要着急，要耐心解决断奶过程中出现的各种问题。

2. 辅食品种的选择和添加顺序

给宝宝引入的第一种辅食应是易于消化而又不易引起过敏的食物，米粉可作为试食的首选食物，其次是蔬菜、水果，然后再试食肉、鱼、蛋类。总之，辅食添加的顺序依次为谷物－蔬菜－肉、鱼、蛋类。较易引起过敏反应的食物如蛋清、花生、海产品等，应在1岁以后才提供。

3. 要遵循循序渐进的添加原则

给宝宝添加辅食要掌握由一种到多种、由少到多、由细到粗、由稀到稠的原则。

每次引入的新食物，应为单一食物，少量开始，以便观察宝宝胃肠道的耐受性和接受能力，及时发现与新引入食物有关的症状，这样可以发现宝宝有无食物过敏，减少一次进食多种食物可能带来的不良后果。

不同断奶时期进餐时间表 ▶▶

	时　间	早上6时	上午10时	下午2时	下午6时	晚上10时
断奶初期	4~5个月（每天加1次辅食）	母乳或奶粉（让宝宝吃饱）	辅食＋母乳或奶粉	母乳或奶粉（让宝宝吃饱）	母乳或奶粉（让宝宝吃饱）	母乳或奶粉（让宝宝吃饱）
	6个月（每天加2次辅食）	母乳或奶粉（让宝宝吃饱）	辅食＋母乳或奶粉	母乳或奶粉（让宝宝吃饱）	辅食＋母乳或奶粉	母乳或奶粉（让宝宝吃饱）
断奶中期	7~9个月（每天加2次辅食）	母乳或奶粉（让宝宝吃饱）	辅食＋母乳或奶粉	辅食＋母乳或奶粉	母乳或奶粉（让宝宝吃饱）	母乳或奶粉（让宝宝吃饱）
断奶后期	10~12个月（每天加3次辅食）	母乳或奶粉（让宝宝吃饱）	辅食＋母乳或奶粉	辅食＋母乳或奶粉	辅食＋母乳或奶粉	母乳或奶粉（让宝宝吃饱）
断奶结束期	1岁以后	早上8点添加辅食	加餐（水果或点心）	12点添加辅食4~5点加餐	辅食	母乳或奶粉

Ⅴ 宝宝辅食如何科学添加?

添加辅食的时机 ▸▸

　　以前的妈妈们都习惯在宝宝4个月时就添加辅食,从2001年开始,这种做法已经逐渐不再被推荐。越来越多新的证据表明,6个月才是添加辅食的最佳时间。近年来世界卫生组织、中国卫生部、联合国儿童基金会、美国儿科学会等权威组织和官方机构都建议,所有的婴儿都应该使用纯母乳喂养到6个月左右。如果因为某些原因不能坚持喂母乳,那么6个月前应该用配方奶喂养。

　　未满6个月的婴儿的肠胃尚未发育成熟,免疫力也较低,所以在宝宝出生不满6个月时就添加辅食,很容易引起过敏反应。过早添加辅食,不但增加了宝宝消化功能的负担,同时也会使宝宝产生饱腹感,减少吸奶量,从而导致营养不良。宝宝长到6个月,妈妈的乳汁已无法满足宝宝身体成长所需的营养,这时就必须添加辅食来增加营养了。

添加辅食的原则 ▸▸

1. 辅食从谷类开始

　　刚开始添加辅食时,选择市售婴儿含铁米粉或自制米糊比较好,因为大米中不含有任何容易导致过敏的成分,而且吃起来味道很清淡,容易消化。市售的一些婴儿米粉是根据宝宝生长时期所需营养特别配制的,添加了各种维生素和矿物质,而且制作简单、快速,也是新手妈妈不错的选择。

2. 慢慢增加分量

　　妈妈在每次给宝宝添加新的食品时,一天只能喂一次,在数量上要遵循由少到多的原则。第一天添加辅食时,可从1勺开始,经过3~4天后如果吃得没什么问题,再增加至2~3大勺。如果一次给宝宝喂食过多,可能会造成宝宝消化不良。随着月龄的增加,再逐渐增加喂食量及喂食的餐数。

3. 由稀到稠,先软后硬

　　给宝宝添加辅食时,可以遵循"米汤→稀粥——软饭——干饭"的顺序添加。这是因为宝宝的牙齿还没长出来,咀嚼能力不强,只能喂给流质食品,逐渐再添加为半流质食品,最后发展到固体食物。如果一开始就给宝宝添加固体食物,宝宝容易抵触,易出现消化不良或是腹泻的状况。

4. 由单一到多样化

　　从单一食物开始喂食,每喂一种辅食要持续2~3天,观察宝宝没有异常反应的话再变换其他种类。妈妈一定要注意,这2~3天的观察期是必需的,这样才能发现宝宝能不能吃这种食物,吃完后有无不良反应或过敏反应。过一两天后再增加两种新的蔬菜或水果就可以了。千万不可在短时间内一下增加好几种。

　　宝宝容易出现的过敏反应包括腹泻、呕吐、皮肤潮红或出疹等症状,如发生以上情况应立即停止哺喂。

5. 不要强逼宝宝进食

　　第一次喂辅食时不要强行喂给宝宝,这样会使宝宝产生排斥感,还有可能妨碍以后的断奶。开始时宝宝有可能反射性地吐出食物，这时候可用勺子接过来重新喂。但是如果反复两三次宝宝都咽不下去的话，就不要再继续喂了，可以等宝宝心情好的时候再试着喂。

6. 注意饮食卫生

宝宝的餐具要固定专用，除每次用完要认真洗刷之外，还要每天用热开水烫过消毒并晾干。

哺喂宝宝时，要晾至适当温度。不要边喂边在自己的嘴边吹，更不可以先在自己的嘴里咀嚼后再吐喂给宝宝。这样的做法极不卫生，容易把疾病传染给宝宝。

一次吃不完的辅食，要先用干净的汤匙取出来分装。宝宝吃剩下的辅食不要再留下吃第二餐了，以免滋生细菌。

添加辅食的注意事项 ▶▶

1. 宝宝1岁前辅食不能加盐

因为1岁前的孩子肾脏功能发育不够完善，没有能力充分排出血液中过多的钠，而过多的钠会使宝宝体液发生潴留现象，促使血量增加，血管呈高压状态，于是血压升高，心脏负担加重。

2. 宝宝半岁前不要吃蛋清

宝宝半岁前消化系统发育还不完善，肠壁的通透性较高，所以这时不宜喂食蛋清。鸡蛋清中的蛋白分子较小，有时能通过肠壁直接进入婴儿血液中，使婴儿机体对异体蛋白分子产生过敏反应，导致湿疹、荨麻疹等疾病。因此，半岁前的宝宝不能喂蛋清，只能喂蛋黄。

3. 宝宝1岁前不宜吃蜂蜜

由于婴幼儿胃肠道屏障机能差，难以抵御细菌及毒素，所以要慎食蜂蜜。需要注意的是，蜂蜜引起的肉毒中毒，并不是由于蜂蜜本身存在有肉毒杆菌，而是在加工、运输、存放或销售等环节中污染所致。因此，尽量不要给1岁以内的婴儿服用蜂蜜，一旦蜂蜜难以彻底消毒，将对肠胃较弱的婴儿产生副作用。

4. 宝宝辅食最好不添加调味料

宝宝的辅食最好不添加味精、鸡精、香精、花椒、大料、桂皮、葱、姜、大蒜等调味品，因为辛辣类的调味品对宝宝的胃肠道会产生较强的刺激，并且有些调味品在高温状态下会分解释放出毒素，损害处于生长发育阶段的宝宝的健康。不过，有些腥味比较重的菜肴，如鱼类，可以适当加少许姜或姜汁以去腥味。

5. 不要喂宝宝含太多脂肪和糖的食品，以及会刺激神经的食品

酒、咖啡、浓茶、可乐等饮品不宜给宝宝饮用，以免影响神经系统的正常发育；汽水、清凉饮料等含较多食品添加剂，但宝宝一旦喝上瘾就不肯停嘴，一直想喝，容易造成食欲不振。

6. 不要给宝宝吃太咸、太油的食品

咸菜、酱油煮的小虾、肥肉，及煎炒、油炸食品，宝宝食后极易引起呕吐、消化不良等，不宜食用。

VI 宝宝健脑饮食全攻略

儿童如何健脑? ▶▶

儿童聪明与否，关键取决于大脑发育程度。据科学研究证明，人脑细胞70%~80%是在3岁以前完成的。因此，在孩子大脑发育的关键时期，家长应为其创造良好条件。

首先，要保证大脑的营养。健脑应先保证大脑摄入足够的营养。这些营养中，除了必需的蛋白质、脂肪外，葡萄糖也是必不可少的。婴幼儿应多吃些富含蛋白质的食品，如鱼虾、瘦肉、蛋类、乳品、豆类制品。还要尽可能让孩子吃些五谷杂粮、蔬菜、水果，适量补充甜食可为大脑提供充足能量。

其次，要保证充足睡眠。有规律的、充足的睡眠对婴幼儿大脑的发育至关重要。大脑有张有弛，才能健康发育。新生儿每日需18~20小时睡眠；出生后半年内每日需15~18小时的睡眠；幼儿每天需睡12~15小时。

再次，婴幼儿巧用脑。婴幼儿的大脑正处于发育期，容易兴奋，也容易疲劳，所以家长应合理安排婴幼儿一天的生活，做到巧用脑。即根据不同年龄，使其听、看、画、跳等活动穿插进行，让大脑各部门轮流工作，有利于大脑健全发育。

此外，要为婴儿创造安静优雅的环境，常带幼儿到户外活动，沐浴阳光，呼吸新鲜空气，这对孩子大脑及身心健康也很有益处。最后，还要按医嘱，及时为孩子接种疫苗，注意预防各种传染病。

聪明宝贝吃什么 ▶▶

在这一时期，宝宝生长发育较快，对营养需求相对较多。另外，由于此时期宝宝的胃肠道消化、吸收功能尚未发育完全，所以膳食宜以细、软、烂，易于消化、咀嚼为主。

1.谷类食物

1~3岁宝宝完全可以食用谷类食物，如米饭、馒头、带馅的包子、馄饨、饺子等，这些食物都会受宝宝们的欢迎。

2.鲜鱼、奶制品及肉、蛋类

鲜鱼、奶制品及肉、蛋类均能够提供优质蛋白质、脂溶性维生素及微量元素，尤其是鸡蛋，其营养价值高，易于消化，是婴幼儿的首选辅食。豆制品是我国传统食品，富含营养，是优质蛋白质来源。

3.蔬菜

蔬菜类，如油菜、白菜、菠菜、芹菜、胡萝卜、土豆、冬瓜等，均富含无机盐与维生素，具有较高的营养价值。

4.水果和坚果

水果类与坚果类，如西瓜、苹果、橘子、香蕉、花生、核桃等，营养价值高。

儿童最易缺乏的营养素 ▶▶

现阶段我国居民营养素的缺乏有个明显的特点，就是多为轻中度的营养不足，即没有表现出明显的缺乏症状，但身体内的营养素已不足以满足正常生理功能的需要。这种不足往往容易被人们忽视。目前我国儿童容易发生的营养不足或缺乏，最为突出的是下面几个方面：

1. 铁

现在大多数缺乏铁的儿童，其症状不是表现为脸色发青，而是验血的时候发现血色素偏低。缺铁会影响儿童智力发育，使其注意力不集中，记忆力降低，学习努力但成绩不好。不明原因的父母只怪孩子不用功、不争气，却不知道应该怪自己不懂营养学。

2. 钙

多年来的营养调查反映，我国人民膳食的钙质摄入量明显低于推荐摄入量。儿童每天需要800～1000毫克钙，其中从食物中摄入的总钙量只有400～500毫克。我们主张给儿童喝奶以补充一部分钙质，但是喝一杯奶也只能摄取约200毫克的钙，因此仍要补充200～300毫克钙质，以促进孩子的全面发育，尤其是身高的发育。

3. 维生素

不少人在营养问题的认识上存在偏差，以为"吃好"就是营养好，米要白，面要精。实际上，大米、面粉越精越白，B族维生素损失的也就越多。在我们目前的膳食中，最容易在烹调、加工过程中丢失的营养物质是维生素，快餐中的维生素更是少得可怜。

要提高儿童的健康水平，既要重视孩子的日常饮食，注意各种营养素的合理配比，又要适当补充他们容易不足或缺乏的营养素。

做好宝宝餐的3个原则 ▶▶

1.形态可爱、小巧精致

无论是馒头、包子，还是其他别的食品，一定要小巧精致。也就是说，要将宝宝的食物切碎、做小，以适应宝宝的食量和咀嚼能力。而可爱的形态，会吸引宝宝的注意力，进而引发食欲。

2.色、香、味，一个也不能少

与成人一样，宝宝的饮食也同样讲究色、香、味。色，即蔬菜、肉、蛋类保持本色或调成其他颜色；香，是指保持食物本身的维生素或蛋白质不变质，再加上各种调料使食物具有香味，由于幼儿口淡，调料不宜太浓；味，幼儿喜欢鲜美、可口、清淡的菜肴，但偶尔增加几样味道稍重的菜肴也可起到调剂的作用。

3.营养是关键

烹制时，首先要避免营养素流失。蔬菜要快炒，少放盐；煮米饭宜用热水。这些细节均可以最大限度地保存食物中的营养素。对含脂溶性维生素的蔬菜，如胡萝卜，炒时应适当多放点油，可以提高维生素A的吸收率；炖排骨时在汤内加少许醋，使钙溶解在汤中，更有利于小儿补钙。

Part 2

0~1岁 宝宝餐

5个月大的宝宝依然以喝奶为主，可在每日上午两次喂奶之间或是做完舒服的日光浴后，给宝宝添加适量的果汁、菜汁，或不加任何调味料的蔬菜汤汁，以补充各种维生素与矿物质。

制作果汁时要选择新鲜、应季的水果，并且要现榨现喝，才能让宝宝吸收到最好的营养。制作果汁时要把过滤网、滤汁器等工具都洗干净，并用开水消毒。

宝宝满6个月之后很多器官功能开始逐渐成熟，例如唾液的分泌量增多，酶的作用也会增加，且大部分的宝宝已经开始长乳牙，所以要依据长牙的程度来添加辅食。应当适当给宝宝一些固体食物，如烤馒头片、面包干、饼干等，让宝宝练习咀嚼，磨一磨牙床，促进牙齿的生长发育。

怎样做出好吃又安全的米糊？ ▶▶

1. 建议购买农家自产的大米来自制米糊，这样的大米煮出来的米糊及米汤是非常浓稠的，有很浓的米香味。但这种农家大米容易生虫，要放在冰箱冷藏保存。

2. 磨好的米浆一定要用网筛过滤后再煮，否则会有磨不细的米粒，不易煮熟。

3. 煮米糊时要用勺子不停搅拌底部以免糊底。

如何给宝宝添加米糊？ ▶▶

1. 宝宝刚开始接触辅食，米糊要由稀到稠，喂食的量从1日1匙到1日2匙逐步添加。

2. 有的地区习惯在宝宝4个月就给孩子喝自制米糊了，这种做法是不科学的。过早喂米糊，易造成婴儿营养不足，尤其是蛋白质供给不足，而且婴儿对淀粉类的消化能力差，易导致腹泻。最好等宝宝6个月以后才开始添加淀粉类食物，并慢慢加量。

 心得分享 **到底是含铁米粉好还是自制米糊好？**

医学专家表示，虽然母乳中有丰富的营养，能够满足婴幼儿早期的营养需求，但是母乳中含铁量很低，纯母乳喂养时间越长，孩子发生缺铁性贫血的可能性就越大。尤其宝宝长到6个月后，这个阶段的宝宝体内储存的铁已经几乎消耗完，必须额外补充铁剂。

另外，婴儿生长至6个月时，消化系统及各器官的协调性已发育成熟，肠道内消化淀粉的酶也逐渐活跃，转奶食物的添加有助于婴儿完成从依赖母乳营养到利用母乳外其他食物营养的过渡。

宝宝的第一口辅食，首选是含铁米粉，不容易引起过敏，还能补充铁。同时配合富含维生素C的水果和蔬菜，有助于铁的吸收。

目前市面上销售的成品婴儿米粉，是根据宝宝生长时期所需营养特别配制的，添加了各种维生素和微量元素，大都强化了婴幼儿体内容易缺乏的钙铁锌。但因为添加的量都不会很大，所以即使本身不缺这些营养素的婴幼儿吃了，也不会造成过量。如果宝宝长期吃自制的米粉，可能会得不到钙铁锌的有效补充。

但还是有不少家长觉得自己做的米糊最安全也最方便。本篇会介绍自制米糊的方法，通过添加不同的蔬菜和水果来增加米糊的营养，并丰富其口味。

鲜橙汁（5~6个月）

果汁

材料

鲜橙适量

做法

1. 将鲜橙洗净，对半切开，用宝宝过滤器将橙汁榨出。
2. 用1∶1的开水稀释橙汁即可。

心得
分享

鲜橙富含维生素C、生物类黄酮。如遇宝宝发烧、喉咙痛，可吃鲜橙补充维生素C以缓解不适。另外，它的膳食纤维含量在水果中排名至少在前五名之内，也是预防便秘的好水果。因此，建议妈妈们在打成果汁时，千万别为了宝贝饮用的便利而滤掉果渣。

1

2

狝猴桃汁（5~6个月）

果汁

材料

狝猴桃1个

做法

1. 将狝猴桃对半切开。
2. 用汤匙将狝猴桃肉从中间挖出来。
3. 将果肉放在漏网里，用汤匙按压果肉。
4. 将漏网放置10分钟，等待果汁流入碗内，加入与果汁等量的温开水给宝宝饮用。

心得
分享

1. 狝猴桃的果汁比较少，按压果肉也不容易流出来，所以要静置一会。
2. 榨好的果汁要尽快喝，放置的时间长了，维生素会流失。

1

2

3   4

果汁 **红枣汁**（5~6个月）

材料

新疆大红枣5颗

做法

1. 用牙刷洗净红枣表皮，切成小块。
2. 红枣放锅内，加清水300毫升，大火煮开后转小火煮20分钟。
3. 待红枣变软后用网筛过滤残渣，取汁饮用。

心得分享

1. 我家宝宝是喝母乳的，不爱用奶瓶也不爱喝水。这款红枣水香香甜甜，她一口气能喝半瓶呢，轻松解决了补充水分的问题。
2. 红枣属于温性食品，不要让宝宝喝太多，隔两天喝一次就好，过量会造成火气大。
3. 红枣皮含有丰富的营养成分，煮水时要连皮一起煮，才能达到最佳效果。

果汁 **西瓜汁**（5~6个月）

材料

西瓜 300 克

做法

1. 将西瓜去皮，瓜肉切成小块。
2. 将瓜肉放在漏网上，用汤匙按压，过滤出西瓜汁，加入1倍量的温开水调匀给宝宝喝。

心得分享

1. 西瓜的水分充足，含有丰富的钙，有利尿、消暑、止渴的作用。
2. 西瓜虽然营养丰富，又能消暑止渴，但属性寒凉，而且含糖量很高。所以不要一次给宝宝饮用过多。

果汁

葡萄汁
（5~6个月）

1. 使用淘米水或是面粉水来清洗葡萄，可以较好地洗净其表面残留的农药。在清洗之前不要把葡萄蒂去掉，以免细菌从破皮的地方进入果肉。可在彻底冲洗净后，再把蒂摘除。

2. 葡萄的营养价值很高，含糖量达8%到10%，以葡萄糖为主。在葡萄所含的较多糖分中，大部分是容易被人体直接吸收的葡萄糖，所以葡萄是消化能力较弱者的理想果品。

材料

葡萄200克
面粉1大匙

做法

1 用剪刀将葡萄从根茎上剪断，注意不要剪掉上面的蒂。

2 葡萄放清水中，加入1大匙面粉搅匀，浸泡半小时，再用手搓洗干净。

3 用流动水冲洗净葡萄，用手将葡萄蒂逐个轻轻摘除。

4 将葡萄放入搅拌机内，加200毫升温开水，搅拌成汁。

5 将葡萄汁在网内过滤。

6 滤去葡萄皮和籽。

7 取汁给宝宝饮用即可。

 香蕉泥（5~6个月）

 材料

熟透的香蕉1根

做法

1. 选成熟的香蕉1根，撕去表皮，切成小段。
2. 用宝宝辅食过滤网，将香蕉段压成泥。

心得分享

1. 香蕉泥不宜空腹食用。若宝宝有腹泻症状，应暂停食用香蕉泥。
2. 只有熟透的香蕉才能润肠通便，未熟透的香蕉含较多单宁，对消化道有收敛作用，会抑制胃肠液分泌并抑制胃肠蠕动。熟透的香蕉表皮会起一些黑芝麻一样的小点。

 菜汁 **青菜汁**（5~6个月）

 材料

小白菜100克，盐1小匙

做法

1. 小白菜切除根部，放入加少许盐的清水盆中泡10分钟以去除残余农药，洗净控干。
2. 小白菜切小段，放汤锅内煮约3分钟至熟。
3. 将白菜放入搅拌机内，加入清水150毫升，搅打20秒。
4. 用干净的过滤纱布将菜渣过滤即可。

心得分享

1. 除了小白菜，也可用菠菜、生菜、白菜等当季的蔬菜来做。
2. 绿叶蔬菜多比较寒凉，不要一次给宝宝喝太多菜汁。

番茄汁（5~6个月）

材料

番茄100克

做法

1. 用锋利的小刀在番茄顶部表皮上割十字花刀。小锅内烧开水，放入番茄烫10秒，至切口处爆开，撕去表皮。
2. 将番茄切成块状，放入搅拌机内，加入清水200毫升，将番茄搅成汁。
3. 将搅好的汁倒入小锅内，中火煮至沸腾，用网筛过滤，放至温热后再给宝宝喝。

心得分享

1. 番茄富含多种维生素、矿物质、糖类、有机酸、纤维素等，营养丰富。
2. 未成熟的青色番茄含有毒的龙葵碱，不宜食用。

自制米糊（5~6个月）

材料

白米30克

做法

1. 大米浸泡3小时以上，倒入搅拌机中，加入150毫升清水，按下"米糊"键，磨成白色的米浆。
2. 用网筛将磨好的米浆过滤出来。
3. 取一个小锅，将磨好的米浆倒入锅内，加清水150毫升。
4. 用小火边煮边搅拌，煮至米糊浓稠即可。

心得分享

　　一岁以内的宝宝，主食还应以母乳或配方奶为主。婴儿在生长阶段，最需要的是蛋白质，米粉中含有的蛋白质不但质量不好，且含量少，不能满足婴儿生长发育的需要。如用米粉类食物代替乳类喂养，会出现蛋白质缺乏症。

胡萝卜米糊（5~6个月）

材料

胡萝卜50克
白米50克

做法

1. 胡萝卜去皮切小块，白米洗净。
2. 将胡萝卜、白米放入豆浆机内，加入清水500毫升。
3. 按下"蔬果米糊"键，待程序结束即可。

心得分享

　　胡萝卜富含蔗糖、葡萄糖、淀粉、胡萝卜素及钾、钙、磷等。每100克胡萝卜含胡萝卜素1.67~12.1毫克，比番茄高5~7倍，食用后经消化分解成维生素A，有防止夜盲症和呼吸道疾病的作用，还可促进儿童生长。

 米糊

香蕉米糊（5~6个月）

材料

香蕉1根
婴儿米粉20克

做法

1. 将婴儿米粉放入小碗内，冲入温开水100毫升调匀。
2. 香蕉去皮，用过滤网压成泥状。
3. 将香蕉泥拌入米粉内即可。

心得分享

　　香蕉的主要营养成分有蛋白质、脂肪、碳水化合物、维生素B_1、维生素B_2、维生素C、维生素E、胡萝卜素、烟酸、粗纤维及钙、磷、钾、铁、镁等，尤其是维生素C及钾的含量较高。

苹果米糊（5~6个月）

米糊

材料

红苹果1颗
婴儿米粉20克

做法

1. 将红苹果削去表皮。
2. 将苹果肉去核，切成小块。婴儿米粉加清水100毫升冲调成米糊。
3. 将苹果肉放入搅拌机内，加入清水100毫升搅拌成泥。
4. 将搅拌好的苹果泥倒入锅内煮至沸腾，加入婴儿米糊，搅拌均匀即可。

心得
分享

　　苹果中含有苹果酸和枸橼酸，有预防感冒、减轻感冒症状的效果。

哈密瓜米糊（5~6个月）

米糊

材料

哈密瓜50克，婴儿米粉20克

做法

1. 取婴儿米粉20克加温水100毫升冲泡成米糊。
2. 哈密瓜去皮，果肉切成粒状。
3. 将哈密瓜果肉加清水100毫升放入搅拌机内，用搅拌机搅匀成泥。
4. 将搅拌均匀的哈密瓜果泥在锅内煮至沸腾。加入婴儿米粉中拌匀即可。

心得
分享

　　哈密瓜营养丰富，药用价值较高。哈密瓜的干物质中，含有4.6%~15.8%的糖分，2.6%~6.7%纤维素，还有苹果酸、果胶物质、维生素A、维生素B、维生素C、尼克酸以及钙、磷、铁等元素。

 核桃米糊（5~6个月）

🌼 **材料**

核桃30克，白米50克

🍲 **做法**

1. 将核桃切成3毫米大小的碎块，白米洗净。
2. 将核桃、白米放入豆浆机内，加入清水500毫升。
3. 按下"米糊"键，待程序结束即可。

心得分享

核桃营养丰富，具有健脑功效，有"万岁子""长寿果""养生之宝"的美誉。核桃中86%的脂肪是不饱和脂肪酸，富含铜、镁、钾、维生素B$_6$、叶酸和维生素B$_1$，还含有纤维素、磷、烟酸、铁、维生素B$_2$和泛酸。在米糊中加入核桃，不仅弥补了蛋白质的不足，而且味道香浓，宝宝更喜欢。

 山药米糊（5~6个月）

🌼 **材料**

山药100克
婴儿米粉20克

🍲 **做法**

1. 将山药削去表皮，切成薄片。
2. 将山药片放在盘子上，放入蒸锅中蒸20分钟至熟。
3. 用宝宝辅食器过滤网将山药压成泥。
4. 婴儿米粉加100毫升温开水冲调成米糊，加入山药泥搅拌均匀即可。

心得分享

山药富含黏蛋白、游离氨基酸和多酚氧化酶等物质，可促进机体淋巴细胞增殖，增强免疫功能。

紫薯米糊（5~6个月）

材料

紫薯50克
粳米50克

做法

1. 将紫薯去皮，切成小块。
2. 将紫薯及粳米放入豆浆机桶内，加入500毫升清水。
3. 按下"米糊"键，待程序结束即可。

 心得分享

　　紫薯又叫黑薯，薯肉呈紫色至深紫色，富含蛋白质、淀粉、果胶、纤维素、氨基酸、维生素及多种矿物质，尤其富含硒元素和花青素。紫薯属于黑色食品，营养价值较高。

 红薯米糊（5~6个月）

材料

红薯100克
白米40克

做法

1. 红薯、白米洗净。
2. 红薯去皮，切小块。
3. 红薯、白米放入豆浆机内，加清水500毫升。
4. 按下"米糊"键，待程序结束即可。

 心得分享

1. 红薯不仅含多种营养元素，且含有丰富的膳食纤维，有便秘的宝宝每天吃少量红薯，可以帮助通便。
2. 红薯本身含有淀粉，所以在做米糊时米不要加太多，否则容易煳锅。

米糊 香甜玉米糊（5~6个月）

🌶 材料

- 甜玉米1根
  粳米20克

心得分享

1. 玉米中含镁元素，玉米胚芽中含天然维生素E，具有很高的营养价值。经常给宝宝食用玉米，可以帮助大脑发育。
2. 食用玉米时，宜将玉米粒的胚尖部分一同食用，因为玉米所含的许多营养物质都集中在胚尖里。

🍚 做法

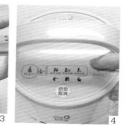

将甜玉米切开，取出玉米粒。	粳米洗净，控干。	将玉米粒、粳米放入豆浆机内，加入清水500毫升。	按下豆浆机的"蔬菜米糊"按钮。	待程序结束后将甜玉米汁从豆浆机内倒出，用网筛过滤即可。

米糊

南瓜栗米糊（5~6个月）

材料

南瓜100克　　　白米50克
栗子30克

做法

1. 将南瓜去皮切小块，栗子去壳切成碎块，白米洗净。
2. 将南瓜、栗子、白米放入豆浆机内，加入清水500毫升。
3. 按下"米糊"键，待程序结束即可。

心得分享

1. 栗子可增强肠胃功能，有助于消化。宝宝腹泻时食用栗子，效果较好。
2. 南瓜含有淀粉、蛋白质、胡萝卜素、B族维生素、维生素C和钙等成分，可促进宝宝的脑细胞发育。

 汤汁

甘笋玉米水（5~6个月）

材料

玉米1根
胡萝卜1根

做法

1. 将玉米切成5段，胡萝卜切段。
2. 小锅内加入玉米段和胡萝卜段，注入清水500毫升。
3. 大火煮开后，转小火煮20分钟，沥出水给宝宝喝即可。

心得分享

1. 玉米和胡萝卜都有甜味，煮出来的水也会有自然的清甜味，不爱喝水的宝宝也能接受它。
2. 煮好的玉米水如果一次喝不完，要放在冰箱里冷藏保存，可保存一天。如果放在室温下，很快就变质了。

蛋羹 **蛋黄羹**（5~6个月）

材料

------生鸡蛋黄1个

心得分享

1. 不要过早给宝宝加蛋黄，因为蛋黄虽然含有丰富的铁，但其中所含铁多为三价铁，不易被宝宝吸收，而且吃蛋黄还会增加宝宝过敏的风险。建议等到宝宝6个月末再添加蛋黄。

2. 蛋黄若重20克，那么就要加40克的水，即两倍量的水来蒸，这样蒸出来的蛋羹口感滑嫩。

3. 蒸蛋黄时在碗上加盖，可避免水蒸气倒流进蛋羹里。蒸制的时间会因碗的厚度而不同，碗厚的蒸的时间长些，碗薄的蒸的时间短些。

4. 建议妈妈们每次蒸蛋都用同一个容器，这样就较容易掌握蒸制的时间。

做法

鸡蛋敲碎，用分蛋器将蛋黄分离出来。

取一只小碗，放入蛋黄搅散。

加入蛋黄液2倍量的清水，搅拌均匀。

用网筛将搅拌好的蛋液水过滤到碗中。

碗上加盖，放入烧开水的蒸锅中。

蒸8分钟即可。

2 7~8个月宝宝喂养方案

7~8个月的宝宝的消化功能增强了许多，而且大部分已经开始长牙。不但能吃流质、半流质的食物，还能吃一些固体食物。每天的喂奶量应该在500毫升左右，用谷类中的米或面来代替奶类品。给宝宝选择的辅食品，应包括蔬菜类、水果类、肉类、蛋类、鱼类等等，可以开始添加肉泥、鱼泥、肝泥以补充铁质和蛋白质。

这个月龄的孩子已经开始学爬行，体能消耗较多，适当增加碳水化合物、脂肪和蛋白质类食物是正确的。但应当注意，食物每次只增加一种，等到孩子适应了以后，再添加另外一种。

7~8个月的孩子可以坐得很好，并能吃一些固体食物时，可以试着让他用手拿着食物吃，如饼干、磨牙饼、苹果片等，鼓励孩子自己用手拿着食物吃。可以教他学着自己用汤勺吃饭。宝宝刚开始练习用汤匙吃饭时，可能会把饭菜撒得到处都是，可以给宝宝一套带吸盘的碗，系上围兜，每次给少量的饭菜，让宝宝练习。

撒在地面上的饭，不必随时去收拾。只要提前在宝宝餐椅下垫上几张报纸，吃完后再收拾即可。宝宝一定会非常开心用自己的方式去认识食物。这样可以提早训练宝宝自主动手的能力，也能刺激宝宝手眼动作以及大脑运作的协调度，这对宝宝而言是很棒的益智游戏。

菜泥 豌豆泥（7~8个月）

 材料

新鲜豌豆200克

 做法

1. 豌豆放汤锅内，加入清水，大火煮开后转小火煮20分钟，至可以轻松用汤匙压扁。
2. 将豌豆泥放在宝宝辅食器滤网上，用汤匙压烂，刮出滤网上的豆泥。配上一些配方奶，或加300毫升温开水调匀食用。

 心得分享

1. 豌豆不但味道清甜而且含有丰富的蛋白质，是作为辅食的很好的材料。
2. 购买豌豆时，要购买细嫩的、色泽翠绿的豌豆。色泽偏褐色的，表示过老了。
3. 豌豆较硬，给宝宝吃时一定要煮至软烂。豌豆粒吃多了会引起消化不良和腹胀，所以不要给宝宝吃太多，每次1~2小匙即可。剩下的可放入冰箱冷冻保存。

1

2

 菜泥 # 青菜泥（7~8个月）

材料

小白菜2棵

做法

1. 将小白菜嫩叶部分用水浸泡洗净。
2. 汤锅内加入水烧开，加入小白菜煮至水开后，再煮约2分钟。
3. 将煮好的青菜取出，剁成泥状即可。

 心得分享

1. 给宝宝制作菜泥的蔬菜一定要选新鲜的、应季的蔬菜，如菠菜、苋菜、小白菜、生菜等绿叶蔬菜。
2. 切菜的菜板和菜刀要先用热开水烫过消毒。

 菜泥 # 山药泥（7~8个月）

材料

山药100克
配方奶50克

做法

1. 将山药削去表皮。
2. 将山药切成薄片，放在不锈钢盘上，上蒸锅蒸20分钟至用筷子可轻松插入。
3. 将山药用宝宝辅食过滤网压成泥状，加入配方奶混匀即可。

 心得分享

1. 山药泥直接给宝宝吃会很干，要混合一些配方奶让其滋润才行。
2. 山药可促使机体淋巴细胞增殖，增强宝宝的免疫功能。但山药中的淀粉含量较高，大便干燥、便秘的宝宝最好少吃。

菜泥 # 奶香红薯泥（7~8个月）

红薯又称地瓜、番薯，宜与牛奶、鸡蛋等高脂肪、高蛋白质食物搭配食用，营养才更均衡。

材料

红薯150克，配方奶30克

做法

1. 红薯削去表皮，切成薄片，放入不锈钢盘中。
2. 放入烧开的蒸锅中，旺火蒸20分钟，至用筷子可以轻松插入的程度。
3. 用辅食网筛将薯块压成泥状，加入配方奶调成糊状即可。

心得分享

红薯泥切忌一次食用过多，否则会引起腹胀、排气、反酸等现象。

 菜泥 # 奶香南瓜泥（7~8个月）

材料

南瓜200克
配方奶100克

做法

1. 将南瓜削去表皮。切成薄片，放在蒸锅上蒸20分钟至熟。
2. 用宝宝辅食器滤网将南瓜压成泥。
3. 将100克配方奶冲入南瓜泥中，搅拌均匀即可。

营养知识

南瓜含有丰富的维生素A、可溶性纤维素、叶黄素、钙、钾等，有助于提升宝宝的免疫能力。

（菜泥）**香蕉红薯泥**

（7~8个月）

材料

- 红薯150克
  配方奶30克
  香蕉150克

心得分享

1. 红薯泥如果直接给宝宝吃的话会太干，所以蒸制好以后要加一些配方奶混合，加奶的时候一边加一边搅拌，直至达到满意的程度。月龄小的孩子需要加的奶量更多，薯泥要调稀一些。
2. 红薯一定要蒸熟煮透。一是红薯中淀粉的细胞膜若不经高温破坏则难以消化；二是红薯中的气化酶若不经高温破坏，吃后会令人产生不适感。

做法

红薯削去表皮，切成薄片。

放入不锈钢盘中，蒸锅烧开水，放入红薯旺火蒸20分钟。

蒸至用筷子可以轻松插入的程度即可取出。

用辅食网筛将薯块压成泥状。加入配方奶调成糊状。

香蕉去皮，切成小段。

用辅食网筛将香蕉块压成泥状，与薯泥拌匀即可。

材料

菠菜100克
配方奶粉1大匙

1. 菠菜含有丰富的维生素及矿物质，特别是铁、钾很多，也容易被人体吸收。同时含有大量维生素C、维生素A，而维生素可以促进人体对铁的吸收利用，对缺铁性贫血者有利。
2. 宝宝初试辅食的时候，还不太能够咀嚼菜叶，最好是用搅拌机把菜泥搅得很碎，再配上配方奶，这样宝宝比较容易吞咽。

做法

1	2	3	4
小锅内烧开水，放入菠菜余烫至软。	将余烫过的菠菜用小刀切碎。	再放入搅拌机内，加入清水100毫升搅拌均匀。	将搅拌好的菠菜及清水倒入汤锅内煮至沸腾，晾至温热，加入配方奶粉拌匀即可。

菜泥

奶香菠菜泥（7~8个月）

果泥 牛油果桃泥

（7~8个月）

营养知识

牛油果又称为酪梨、油梨、樟梨，因其外形像梨，外皮粗糙似鳄鱼头，也被称为鳄梨。牛油果有一个很大的果核，其果肉为黄绿色，味如牛油，被称为"森林里的牛油"。在世界百科全书中，牛油果被列为营养最丰富的水果，有"一个油梨相当于三个鸡蛋"的说法。

牛油果的果实是一种营养价值很高的水果，果肉柔软似乳酪，色黄，风味独特，是一种高热能水果，营养价值与奶油相当，富含各类维生素、矿物质、不饱和脂肪和植物化学物质。

材料

牛油果1颗
桃子1/4颗

做法

1

用利刀将牛油果从中间切压下去，触到核的位置停止，如此转一周在果肉上划出痕迹，再用手扮开果肉。

2

用刀尖将果核挑出来，用汤匙将果肉挖散，并压成泥。

3

水蜜桃用利刀削去果皮。

4

将桃子去核，果肉切成小块。

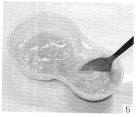

5

用婴儿辅食碗将桃子果肉压制成果泥。

6

将桃肉泥和牛油果泥装在牛油果壳里。

7

或将两者放入碗内混合，用碗盛装。

苹果泥（7~8个月）

材料

红苹果1个

做法

1. 红苹果削去表皮。
2. 切去果核，将果肉切成小块。
3. 将苹果肉放入搅拌机内，加入温开水100毫升。
4. 开动搅拌机，将苹果肉搅拌成泥即可。

（心得分享）

1. 铁质在酸性条件下和有维生素C存在的情况下更易被吸收，所以吃苹果对婴儿的缺铁性贫血有较好的防治作用。
2. 也可用整颗苹果切半，用汤匙挖下果肉给宝宝吃。要选果肉较软的品种，如蛇果、黄金帅；红富士较硬，刮起来比较困难。

 清蒸鱼泥（7~8个月）

材料

黄花鱼肉200克
姜片3片
香葱20克

做法

1. 将黄花鱼块放在盘子上，上面铺上生姜片，香葱段，放在上汽的蒸锅中蒸30分钟。
2. 蒸好的鱼肉用筷子剔去鱼刺。
3. 用汤匙将鱼肉压扁成泥状即可。

（心得分享）

制作鱼泥要选刺少的鱼，如黄花鱼、草鱼、鲈鱼等。蒸好的鱼肉挑出刺后，还要用手捏一捏鱼肉，看里面是否还有剩余的鱼刺。

肉泥 **自制猪肝泥**（7~8个月）

材料

猪肝200克
生姜2片
白醋1大匙
盐1/4小匙

做法

猪肝切成薄片，加入白醋、盐腌制10分钟。

锅内放入清水、姜片，大火烧开后加入猪肝片。

中火煮至猪肝完全转成白色，捞起沥净水分。

将猪肝切碎，放入搅拌杯内。

加入凉开水50毫升，用搅拌机搅拌成细腻的泥状。

将搅好的肝泥再次放入小锅内。

小火煮至沸腾，关火放凉后放入冰格内保存。

营养知识

1. 猪肝腥味较重，所以在制作之前要用白醋及盐腌制一下，以起到杀菌、去腥味的功效。

2. 煮好的猪肝直接用搅拌机搅是搅不动的，要添些凉开水再搅。搅好的肝泥要重新煮过，才能保证干净卫生。

3. 猪肝可补铁、补血，但为保险起见，不要给宝宝吃太多内脏类的食物，一周食用一至两次即可。

 粉糊

牛奶藕粉（7~8个月）

材料

藕粉10克
配方奶150克

1. 藕粉必须要先用凉开水拌匀，不然的话，热奶冲下去就会严重结块。
2. 莲藕中含有糖分，所以做出来的藕粉会有自然的清甜味。
3. 煮奶的时间不要太久，否则奶中的营养成分就流失了。

做法

将藕粉放入碗内，加入凉开水30毫升，用筷子调匀。

配方奶放入奶锅中，小火煮开。

趁热将配方奶倒入藕粉碗内，一边冲一边用筷子搅拌，至成均匀的糊状即可。

自制果仁粉（7~8个月）

做法

将核桃仁、杏仁、腰果、放入平底锅内，用小火炒至出香味。

再放入白芝麻用小火炒，炒至芝麻变黄色。

将四种果仁放入搅拌机内，用搅拌机搅打20秒制成粉末。

坚果是植物的精华部分，对促进宝宝生长发育、增强体质、预防疾病、补脑益智都有极好的功效。宝宝的月龄还小，大颗的坚果无法咀嚼吞咽，所以要用磨粉机磨成粉末，搭配白粥一起食用。

材料

核桃仁30克
杏仁30克
腰果30克
白芝麻20克

 心得分享

1. 果仁的颗粒比较大，所以要先炒熟，然后再炒白芝麻。
2. 打果仁粉时不要搅打太长时间。不然果仁的油脂会渗出来，粘结成团，并粘在搅拌机上。
3. 宝宝不宜过多食用坚果，隔两三天吃1小匙即可。

米糊

豆腐泥玉米糊（7~8个月）

材料

- 嫩豆腐50克
  胡萝卜20克
  玉米面30克

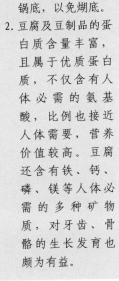

心得分享

1. 煮制的时候注意，要不时用木铲搅拌锅底，以免煳底。

2. 豆腐及豆制品的蛋白质含量丰富，且属于优质蛋白质，不仅含有人体必需的氨基酸，比例也接近人体需要，营养价值较高。豆腐还含有铁、钙、磷、镁等人体必需的多种矿物质，对牙齿、骨骼的生长发育也颇为有益。

做法

将豆腐压成泥状。

胡萝卜去皮、切条，入汤锅加水煮至软烂，取出用滤网压成泥状。

小汤锅内放入清水1碗，加入玉米面搅拌均匀，一边用小火煮，一边用锅铲搅拌以免煳底。

加入豆腐泥及胡萝卜泥。

继续用小火煮至浓稠即可。

菜糊 奶香马铃薯糊（7~8个月）

材料

马铃薯200克，配方奶100克

做法

1. 将马铃薯去皮，切成薄片，放在盘子上，放入蒸锅蒸20分钟。
2. 蒸至马铃薯可用筷子轻松戳烂。
3. 将马铃薯装入两个食品袋中，用擀面棍擀成泥状。
4. 将100克配方奶冲入马铃薯泥中，用汤匙搅拌均匀即可。

营养知识

　　马铃薯含有大量淀粉以及蛋白质、维生素及钙、钾等等矿物质，能促进脾胃的功能，又易于消化吸收，是给宝宝做初期辅食的最佳食品之一。

香粥 菠菜肝泥粥（7~8个月）

材料

菠菜10克	生姜1片
猪肝泥15克	白粥1碗

做法

1. 菠菜切去根部，洗净，小锅内烧开水，放入菠菜余烫至熟。
2. 捞起菠菜沥干水分，切成碎末。
3. 将白粥、生姜片放入小锅内小火煮开，加菠菜碎。
4. 加入猪肝泥，煮至再次沸腾即可。

营养知识

　　猪肝泥的做法参考本书p.44。猪肝泥比较腥，所以煮粥的时候最好放一片姜，煮好后把姜捞去即可。

香粥 香蕉吐司粥（7~8个月）

🍠 材料

香蕉1根
白吐司1片
配方奶1大匙

🧺 做法

1. 取一根熟透的香蕉及一片白吐司。用利刀将吐司片的四边切除不要，只取中间白色的部分。
2. 奶锅内放入清水200毫升，煮开后加入白吐司块。
3. 煮至吐司变软烂后离火，加入配方奶拌匀。
4. 香蕉半根用汤匙压成泥状，放在粥上即可。

心得分享

给宝宝吃一定要用熟透的香蕉，生香蕉容易造成宝宝便秘。

香粥 奶香蛋黄粥（7~8个月）

🍠 材料

水煮鸡蛋1颗
配方奶1大匙
白粥1碗

🧺 做法

1. 将水煮鸡蛋的蛋黄取出，用宝宝辅食器滤网压成泥状。
2. 汤锅内加入白粥煮开，配方奶用温开水50毫升调匀，加入白粥内。
3. 关火，加入蛋黄泥拌匀即可。

心得分享

宝宝在6个月末期就可以添加蛋黄做辅食了，一天以一个蛋黄的量为宜。

 南瓜小米粥（7~8个月）

材料

南瓜200克
小米100克

做法

1. 将南瓜去皮洗净，切成20毫米见方的块。
2. 小米洗净，和南瓜块一同放入电压力锅内胆中，加入清水500毫升，按下"煮粥"键，约30分钟后跳至"保温"档。
3. 将粥里面成块的南瓜用汤匙压成泥，混合在粥里即可。

> **心得分享**
>
> 南瓜、红薯这类食材，我都是切成大块放在锅里煮，要吃的时候用汤匙压烂就可以了。不要切得太碎，口感才会比较好。

香粥 **三色山药粥**（7~8个月）

材料

小白菜1棵
胡萝卜半根
山药50克
白粥1碗

做法

1. 将山药去皮，切成薄片。胡萝卜去皮，切成薄片。将山药和胡萝卜放在盘子上，上蒸锅蒸20分钟，至可以轻松用筷子插入。
2. 小白菜放入小锅内煮软，取出切成小碎。
3. 将山药用过滤网压成泥。
4. 胡萝卜也用滤网压成泥。将山药、胡萝卜、小白菜一同放在煮好的白粥里面即可。

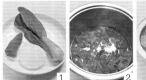

（香粥）

红枣双米粥（7~8个月）

 材料

- 红枣10颗
  小米30克
  白米50克

（心得分享）

1. 小米含有丰富的蛋白质、脂肪、碳水化合物以及多种矿物质。是一种营养价值较高的食物。
2. 小米宜煮粥食用。小米粥具有滋养肾气、保养脾胃等功效。

做法

将红枣去核，用牙刷将表面的灰尘刷洗干净。小米和白米洗净。

将红枣、小米、白米一起放入电压力锅内，加入清水500毫升，按下"煮粥"键，待跳至"保温"档即可。

将粥盛入碗中，食用时将红枣皮去掉，枣肉混在粥里即可。

蔬菜燕麦粥（7~8个月）

材料

- 快熟燕麦片50克
  绿叶蔬菜1棵
  胡萝卜20克
  生蛋黄1个

心得分享

1. 燕麦中水溶性膳食纤维分别是小麦和玉米的4.7倍和7.7倍。另外，燕麦中的B族维生素、尼克酸、叶酸、泛酸也都比较丰富，特别是B族维生素含量很高。燕麦粉中还含有谷类粮物中少见的皂苷；所含蛋白质的氨基酸组成比较全面，8种必需氨基酸含量在谷类中均居首位。燕麦含有的钙、磷、铁、锌等矿物质有预防骨质疏松、促进伤口愈合、防止贫血的功效，是补钙佳品。
2. 这道粥用的"快熟燕麦片"在超市就可以买到，是经过加工的纯燕麦片，易制熟。

做法

1

锅内放入清水200毫升，加入燕麦片，大火煮开后转小火煮2分钟。

2

用擦板将胡萝卜擦成泥，加入燕麦粥内，煮1分钟。

3

再加入切碎的青菜末。

4

临出锅前加入蛋黄液搅拌，煮至蛋液凝固即可。

宝宝在9~10月时已逐渐适应母乳以外的食品。此时宝宝的舌头可左右活动，上下加起来共长出4颗牙，胃内的消化酶日渐增多，肠壁的肌肉也发育得比较成熟。10个月的宝宝已经可以咀嚼得更细腻，可以消化较硬的食物。这个时期给宝宝煮饭，就要介于粥和软饭之间的黏稠程度。

配置宝宝食谱时，可以有意识地给一些能啃咬、较硬一点的食物，即有利于锻炼胃肠道消化系统功能，又对宝宝的牙齿萌出有利。此时的宝宝饮食可以多样化，可增加一些含粗纤维的食物，对宝宝的整个消化系统都有益。餐谱中可以添加植物性根茎类，比如红薯、土豆、菠菜等，去掉过粗、过老部分即可。

辅食的量宜一天两次，每次100~120克；母乳或配方奶一天三次，每次200~250毫升。

 蛋羹 **蔬菜蒸蛋**
（9~10个月）

材料

· 生蛋黄1个
胡萝卜20克
西蓝花1小朵

 心得分享

1. 西蓝花和胡萝卜都比较硬，所以要煮软后再放入蛋液中。
2. 蒸蛋的时候蛋盅上要加盖，可以防止水蒸气进入蛋液中，这样蒸出来的蛋羹才又软又滑。

做法

蛋黄放入碗内打散，加入一倍量的清水，拌匀。

将打散的蛋液用过滤网过滤。

西蓝花、胡萝卜分别切碎，放入汤锅里，加水煮软。

过滤的蛋液倒入炖盅里，加入西蓝花、胡萝卜碎搅匀。

将蛋盅放入蒸锅里，蛋盅上加上盖，用中火蒸8分钟即可。

丝瓜肉末蛋花汤（9~10个月）

做法

1. 丝瓜去皮，先切成段，再切成薄片。鸡蛋打散成蛋液。

2. 锅内烧开4碗水，放入丝瓜片，中火煮至变软。

3. 用汤匙从锅内盛出2大匙开水，冲入绞肉碗内，用筷子调匀。

4. 再将调好的绞肉连汤汁一起倒入锅内，用中火煮至肉变色（约1分钟）。

5. 保持中火，先加入盐、鸡精调味，再淋入蛋液。

6. 至蛋花成形后熄火，撒入少量白胡椒粉即可。

材料

主料
嫩丝瓜1条
鸡蛋1颗
猪绞肉100克

调味料
细盐1/2小匙

 心得分享

1. 做汤时不要加太多水，只加入4碗即可。

2. 将煮开的水倒入肉末中，目的是先将肉烫至半熟，再倒入锅内煮，这样就不会煮得太老。

3. 先加调味再打蛋花，这样才不会因煮的时间太长而将蛋花煮老。

汤羹 # 西蓝花浓汤

（9~10个月）

 材料

西蓝花200克　　吐司面包1片
土豆100克　　　黄油20克

心得
分享

1. 黄油是制作西式浓汤常用的
材料，可以给菜肴增加奶香
味。如果没有可以用植物油
代替，再在汤中加些鲜奶以
增加奶香味。

2. 汤中加入面包可以使汤变得
浓稠，与使用水淀粉勾芡的
效果差不多。不一定要用吐
司面包，用一般的圆面包也
可以。

做法

西蓝花切小朵。土豆去
皮，切成3毫米见方块。

吐司面包切成5毫米见方
的块。

平底锅烧热，放入黄油
化开。

加入西蓝花、土豆丁翻
炒3分钟。

加入清水，水量没过西
蓝花和土豆块，大火煮
开后转小火煮10分钟。

加入面包块煮约3分钟。

直至面包块膨胀变软。

将煮好的材料连汤水倒入
搅拌机内，搅拌成泥状，
倒回锅内再煮开即可。

汤羹

田园彩蔬汤（9~10个月）

材料

• 南瓜100克
甜玉米1颗
西蓝花100克
西红柿1颗
胡萝卜1/2颗

心得
分享

1. 南瓜和玉米都需要煮较长时间，所以要先下锅，煮一段时间后再下其他蔬菜。
2. 番茄很容易熟，不需要煮太长时间。
3. 这道汤就是自然清甜的蔬菜味道，不放任何调味料也很好喝。

做法

将南瓜去皮切长条，西蓝花切小朵，玉米切小段，西红柿切薄片。

汤锅内注入半锅水，放入甜玉米、南瓜及胡萝卜，煮约20分钟。

加入西蓝花再煮20分钟至软烂。

临出锅前至加入番茄片，煮约10分钟番茄片变软即可。

汤羹 排骨煲萝卜（9~10个月）

材料

猪排骨500克，白萝卜1000克，生姜2片

做法

1. 白萝卜洗净，去皮，切块。排骨剁成小块，冲洗净。
2. 汤锅内烧开一锅水，放入排骨，煮至水开后捞起排骨冲洗干净。汤锅洗净，放入清水1200毫升，加入排骨、姜片，大火煮开后转小火煮30分钟。
3. 再加入白萝卜块煮20分钟，取汤汁给宝宝饮用。

心得分享

　　白萝卜很易煮熟，所以不要太早下锅。要等排骨煲煮了一段时间，汤色变白了，再加入白萝卜。

 热菜 鳕鱼豆腐泥（9~10个月）

材料

胡萝卜20克　　　　大骨高汤100毫升
豆腐100克　　　　鳕鱼肉20克
　　　　　　　　　小白菜20克

做法

1. 将胡萝卜、豆腐、鳕鱼、青菜都切成碎末。
2. 平底锅加热少许油，放入胡萝卜碎炒至变软。
3. 加入豆腐和鱼泥、高汤，煮约2分钟。
4. 最后再加入小白菜碎煮约1分钟即可。

心得分享

　　鳕鱼肉对感冒引起的消化不良有很好的功效。因其含有维生素A、维生素D，所以对缓解感冒症状也有帮助。

什锦豆腐

（9~10个月）

🥗 材料

嫩豆腐 50克	猪瘦肉30 克
小白菜1棵	大骨汤或清水200毫升
生蛋黄1个	玉米淀粉1大匙

心得分享

1. 豆腐在煮制前先用开水氽烫过，可以除去苦涩味。
2. 给菜肴勾芡时，水淀粉应分次加，边加边搅拌，直至成满意的浓稠度。如果加入的水淀粉过多，会造成汤糊成一团，这时要加些水，让汤变得稀一些。

🧂 做法

1
将豆腐入开水锅氽烫1分钟，捞出切成小碎块。小白菜切碎。猪瘦肉剁碎。

2
鸡蛋黄在碗内打散。

3
炒锅内放少许油，小火加热，放入猪绞肉炒至变色。

4
加入豆腐丁及小白菜碎。

5
加入大骨汤或清水，大火烧开后转小火煮3分钟。

6
调成水淀粉，分数次加入锅内，边加边搅拌，直至汤汁变得浓稠。

7
缓慢淋入打散的蛋黄液。

8
小火煮至蛋液凝固即可。

热菜 三色土豆丝（9~10个月）

🍲 做法

将土豆去皮，切成细丝。胡萝卜切丝。绿色甜椒去蒂、籽，切丝。

土豆丝浸泡在冷水中，去除表面的淀粉。

炒锅加入1大匙植物油烧热，加入胡萝卜丝、土豆丝和甜椒丝、盐翻炒，加入1大匙清水。

一直炒至土豆和胡萝卜变软即可。

🍎 材料

主料
土豆100克
胡萝卜100克
绿色甜椒100克

调味料
盐1/4小匙

心得分享

　　土豆在下锅炒之前要用冷水浸泡，或用冷水冲洗过，将表面的淀粉冲洗干净，这样在炒的时候才不会粘锅，另外也可以防止土豆氧化变黑。

水果燕麦粥（9~10个月）

材料

黄金猕猴桃1/2颗
香橙2瓣
草莓2颗
快熟燕麦片50克
配方奶200毫升

做法

1. 将草莓用温开水洗净，切成小块。猕猴桃撕去表皮，果肉切成小块。香橙果肉撕去外表的筋膜，切成小块。
2. 汤锅内放入燕麦片，加入清水，水量要没过燕麦片，大火煮开后转小火煮约10分钟。
3. 加入配方奶，小火煮至沸腾。
4. 将煮好的燕麦粥放在碗内晾至温热，再铺上水果粒即可。

雪梨银耳粥（9~10个月）

材料

银耳10克，雪梨100克，小米 50克

做法

1. 银耳提前用凉水浸泡30分钟至变软，用手撕去根部。
2. 小米淘洗干净，放入汤锅内，加入3倍的清水，小火熬制成粥。
3. 雪梨去皮、核，剁碎。银耳剁碎。
4. 将雪梨及银耳碎加入小米粥内，用小火再煮10分钟左右，至雪梨变得软烂即可。

心得分享

1. 特别白的银耳可能是用硫磺熏过的，所以要选购色泽有些偏黄的银耳。
2. 雪梨本身有甜味，可加多一些，这样的粥喝起来有甜味，宝宝更容易接受。

南瓜粳米粥（9~10个月）

材料

南瓜150克，粳米100克

做法

1. 将南瓜去皮，切成5毫米见方的块。
2. 粳米洗净，放入锅内，加入清水500毫米，大火煮开后转小火熬煮约20分钟，至粥变得浓稠。
3. 将切碎的南瓜碎块放入粥内。
4. 继续用小火熬煮，至南瓜块变软即可。

心得分享

　　南瓜富含锌，常食南瓜可促进宝宝生长发育。

草菇青菜粥（9~10个月）

材料

小白菜1棵，草菇4颗，生姜1片，白饭1碗

做法

1. 将草菇表面用牙刷刷洗干净。小白菜洗净。
2. 小锅内烧开水，放入草菇、小白菜余烫2分钟，捞起，切成碎粒。
3. 小锅内放入白饭，加入姜片和适量清水煮5分钟。
4. 将白菜和草菇加入白米粥中，再煮1分钟，夹去姜片即可。

心得分享

　　因为白菜和草菇都属寒性食物，所以煮粥时要在粥里面加一片姜片。煮好后记得把姜片夹出来，以免让宝宝吃到。

香粥 三文鱼菜粥 (9~10个月)

菠菜含有丰富的叶酸，三文鱼肉中含不饱和脂肪酸，均对宝宝的大脑神经发育有很大的帮助。

材料

三文鱼30克，菠菜2棵，生姜1片，白粥1碗

做法

1. 将三文鱼切小丁，菠菜切去根部。
2. 锅里放入清水，放入菠菜焯烫至变软，捞出过凉水，挤干水分，切碎。
3. 锅内放入白粥，加三文鱼丁、姜片，煮至三文鱼转色。
4. 临出锅前加入菠菜碎，夹出姜片即可。

心得分享

为给三文鱼去腥味，在煮粥的时候放入一小片姜，煮好后要夹出来，以免让宝宝吃到。

香粥 芹菜肉末粥 (9~10个月)

材料

主料	调味料
芹菜20克	盐1/4小匙
猪肉末30克	白胡椒粉1/4小匙
剩米饭1碗	鸡精1/4小匙

做法

1. 芹菜取菜梗洗净，切碎。
2. 锅内放适量水，加入白米饭，大火烧开后转小火，加盖煮10分钟。
3. 加入猪肉末煮至熟。
4. 最后加入芹菜碎及调味料稍煮即可出锅。

鱼肉番茄粥（9～10个月）

材料

- 鲈鱼50克
  番茄100克
  小白菜1棵
  生姜1片
  白粥1碗

心得分享

在煮粥的时候放一片姜片，可以达到去腥的效果，煮好后捞去姜片即可。

做法

1

番茄去皮，切成2毫米见方的颗粒状。小白菜洗净，取菜叶切碎。

2

鲈鱼块放在蒸锅上，大火蒸10分钟取出。

3

用筷子小心剔除鱼刺和鱼骨，只取鱼肉，并将鱼肉夹成小颗粒状。

4

白粥放入小锅内，加入姜片、番茄丁，用小火煮约5分钟。

5

放入青菜，再煮5分钟。

6

加入鱼肉丁煮1分钟，夹出姜片弃去即可。

牛肉金针菇软饭

米饭

（9~10个月）

1. 牛肉中蛋白质、铁元素含量均很高，比较适合8个月到2岁的、容易出现生理性贫血的宝宝，对宝宝的生长发育很有帮助。
2. 牛肉的肉质相对鸡肉、猪肉来讲会比较硬，所以在剁的时候要尽量剁碎。牛肉里面多含血水，在制作之前最好是先用开水氽烫过，以去除血水。
3. 金针菇含有的人体必需氨基酸较全面，其中赖氨酸和精氨酸含量尤其丰富，含锌也较多，对儿童的身高和智力发育有良好的作用，人称"增智菇"。

材料

牛绞肉80克
金针菇50克
洋葱50克
小白菜30克
大骨高汤200毫升

做法

分别将番茄、青菜、洋葱、蘑菇切成碎粒。

牛绞肉放入碗内，冲入热开水，用筷子快速划散。

将牛绞肉连汤汁倒入过滤网中，过滤掉血水。

平底锅烧热，加入少许植物油，放入洋葱碎炒出香味。

加入牛绞肉碎，小火炒至变色。

加入白米饭、大骨高汤，大火煮开后转小火。

煮至汤汁变白、所有材料变软即可。

米饭 # 牛肉南瓜软饭（9~10个月）

材料

---- 老南瓜30克
　　牛肉30克
　　西蓝花30克
　　白米饭1碗

做法

老南瓜去皮切小丁，牛肉剁碎，西蓝花切成小朵。

西蓝花放入汤锅内，小火煮至软烂，捞起备用。

牛肉装在漏勺里，放入开水锅内氽烫1分钟，捞起沥干水备用。

平底锅内放少许油烧热，放入南瓜丁翻炒1分钟。

加入氽烫过的西蓝花、牛肉碎炒匀。

加入白米饭和1碗清水，大火煮开后转小火焖约10分钟即可。

心得分享

1. 西蓝花茎比较硬，切的时候尽量切成小朵，氽烫和煮制时间都要加长，将西蓝花尽量煮烂。

2. 老南瓜含有丰富的糖类和维生素、矿物质等，尤其胡萝卜素含量丰富，烹制时最好配油脂或含脂肪的食物，有助于胡萝卜素转化成维生素A。

米饭

猪肉豆腐软饭（9~10个月）

材料

- 猪瘦肉30克
  嫩豆腐30克
  草菇5颗
  小白菜1棵
  大骨高汤200毫升

心得分享

1. 豆腐搭配肉类食品，将植物蛋白质和动物蛋白质相结合，营养价值更高。
2. 不宜给宝宝食用过多豆腐，豆腐中含有极为丰富的蛋白质，食用过多会影响铁的吸收，而且容易引起蛋白质消化不良。

做法

将草菇、青菜切碎，猪瘦肉剁成泥，豆腐切成块。

锅内烧开水，放入草菇碎余烫1分钟后捞起。

炒锅内烧热少许油，放入肉末，小火炒出香味。

加入白米饭混合。

倒入大骨高汤，加入草菇碎和豆腐块，小火煮约5分钟。

加入青菜碎，再煮1分钟即可。

米饭 **番茄蘑菇软饭**（9~10个月）

🫑 材料

番茄1颗
甜玉米粒10克
白蘑菇4颗
豌豆10克
白米饭1碗
盐1/4小匙

心得
分享

豌豆不易熟，如果煮的时间不够，会很硬，所以在这里要把豌豆和玉米先煮10分钟，再放在米饭里。

🍚 做法

将番茄叉在餐叉上，放在火上烧2秒钟至表皮起皱，撕去表皮。

蘑菇、番茄、青菜分别切碎。玉米粒和豌豆粒加水煮10分钟。

炒锅烧热，放入番茄丁、蘑菇丁炒至番茄变软。

加入煮过的豌豆及玉米粒。

放入白米饭、盐，加入高汤或清水，水量没过所有材料。

大火煮开后转小火，焖煮10分钟至水分即将收干即可。

(米粉) 碎肉米粉汤（9~10个月）

 材料

主料
新鲜米粉50克
猪绞肉30克
香葱1根
大骨高汤1碗

调味料
盐1/4小匙

心得
分享

1. 米粉要多煮会儿，煮至用筷子可以很轻松夹断的程度，不然宝宝很难消化。
2. 煮米粉的水换成大骨高汤，营养价值会更高，味道也更鲜美。

做法

将米粉洗净，猪肉剁碎，香葱切小段。

锅内放入清水和米粉，小火煮开，再煮10分钟至米粉软烂，捞出米粉备用，汤水倒掉。

锅内倒入大骨高汤，烧开后加入猪绞肉，继续煮3分钟左右至绞肉变为白色。

加入煮好的米粉，调入盐，撒上葱花即可。

面食

番茄鸡蛋面（9~10个月）

做法

1

将番茄去皮，切成小块。香葱切成碎末。

2

鸡蛋磕入碗内，打散成蛋液。

3

汤锅里烧开水，把面条掰成20毫米长的碎条，煮开后改用小火煮10分钟左右。

4

加一碗凉水，再度煮开，直至面条可以用筷子轻松夹烂。

5

平底锅烧热，加入油烧热，倒入鸡蛋液，将鸡蛋液炒成松散的蛋块。

6

炒锅放少许油烧热，下番茄炒软，加入清水50毫升，小火煮至番茄变软。

7

加入炒好的鸡蛋块，将玉米淀粉加清水调匀制成水淀粉，倒入锅内。

8

煮至酱汁浓稠，淋在面条上即可。

材料

主料	调味料
番茄1颗	玉米淀粉2小匙
香葱1根	清水2大匙
鸡蛋1颗	
面条100克	

心得分享

　　我没有买宝宝专用的面条，而是把普通的面条掰成碎煮给她吃，煮的时间要比给大人吃的时间长一倍，煮至用筷子可以轻松夹烂的程度即可。

菠菜面片汤（9~10个月）

🌶 材料

菠菜2棵
小番茄1颗
猪绞肉30克
馄饨皮10张

🥣 做法

1. 菠菜洗净，择去根部。番茄在火上烧一下，去掉表皮。

2. 馄饨皮叠在一起，从中间十字切开成四份，制成面片。

3. 将菠菜切碎。番茄去籽，切成小丁。

4. 汤锅里加入水烧开，放入番茄丁煮至变软。

5. 取一大匙开水冲入装肉馅的碗内，将肉馅搅散开。

6. 肉馅连汤水倒入锅中，煮至沸腾。

7. 加入切好的面片煮至水开。

8. 加入菠菜碎。

9. 煮至菠菜变软即可。

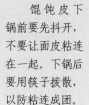

心得分享

馄饨皮下锅前要先抖开，不要让面皮粘连在一起。下锅后要用筷子拨散，以防粘连成团。

74

（面食）

番茄鸡蛋面疙瘩（9~10个月）

材料

- 面粉100克
  清水50克
  小个番茄1颗
  青江菜1棵
  鸡蛋1颗
  芝麻香油1小匙

心得分享

做面疙瘩的时候，水不要一次倒下去，也不要只倒一个位置，而是尽量让每一块的面粉都淋到水，并且一边倒一边用筷子快速搅拌。

做法

1

番茄去皮、去籽，切成碎丁。青江菜切碎。

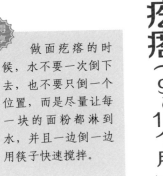
2

面粉放入碗内，慢慢倒入清水，一边倒一边快速用筷子搅拌。

3

用筷子搅至面粉成棉絮般的面疙瘩。

4

汤锅内烧开一锅水，放入搅拌好的面疙瘩，煮至转为透明。

5

加入切块的番茄丁，煮约3分钟至番茄丁变软。

6

加入青菜碎煮约1分钟至变软。

7

鸡蛋磕入碗中，打散成蛋液，淋入汤内。

8

待蛋花煮熟后淋入香油即可。

小熊红糖馒头 (9~10个月)

面食

1. 红糖营养价值比白砂糖高很多。给宝宝做点心不但可增加风味, 营养也更全面。

2. 红糖容易结块, 所以在制作前需要用热水煮至溶化。煮糖时要用小火慢慢煮至溶化, 在放入面粉内前一定要放凉, 太烫的话会把酵母烫死, 造成面团无法发酵。

3. 面团发酵时间: 室温25℃以上发酵时间为1小时, 室温15℃以下发酵时间2~3小时不等。发酵好的面团一定要彻底揉匀, 将里面的空气揉出去, 切开面团切面无明显的孔洞。如果气体没排干净的话, 做出来的小熊脸部会有很多小孔。

4. 蒸好馒头后不要马上打开锅盖, 需等3分钟左右, 让锅内的蒸汽慢慢自然散去再开盖。如果马上开盖, 馒头会因突然受凉而回缩。

🥣 材料

红糖面团材料
A料：
面粉220克
酵母粉3克
清水30毫升
B料：
红糖75克
清水90毫升

白面团材料
面粉30克
酵母粉1克
清水15毫升

装饰材料
黑巧克力15克

白面团的
制作方法：
　　将酵母粉
加清水15克溶
化，加入面粉
30克中搅拌均
匀。用手将面
和成光滑的面
团，表面盖上
保鲜膜，静置
发酵至2倍大小
备用。

🥣 做法

将红糖75克加清水90
克放入小锅内，开小
火慢慢将红糖煮至
溶化，放凉备用。

酵母粉3克加入清水
30毫升拌匀，静置
待酵母完全溶化。

将酵母水倒入220
克面粉中。

用筷子迅速搅拌均
匀，加入放凉的红
糖水拌匀。

用手和成光滑的面
团，放入盆底涂了
一层油的小盆中，
盖上保鲜膜，放置
温暖处发酵。

发至面团成2倍大
小，用手指插入面
团，不马上回缩，
即表示发酵完成。

发酵完成的面团，
用手不停地搓揉排
气，直至切开断面
无明显的气孔。

先将面团搓成长条，
再分割成小段。

将面团分出6块40
克的做头部，12块
10克的做耳朵。分
别做好，拼成6个
小熊头。

将小熊头放置在蒸
笼纸上，取白色面
团压成小熊的脸，
再取红糖面团做成
鼻子。

移动蒸笼纸，将小
熊头连蒸笼纸一同
移至蒸笼屉上。

冷水上锅，加盖，
开中火蒸25分钟。
蒸好后不要马上开
锅盖，等3分钟待
锅内蒸汽自然散去
再开锅盖。

黑巧克力切碎，放入
不锈钢盆内，再将
盆放入盛有60℃热
水的锅中，隔水融
化，用汤匙搅拌至
变成光滑的酱状。

取裱花袋盛装巧克
力酱，在放至温热
的小熊馒头上点上
眼睛和鼻子即可。

面食 **奶香小馒头**（9~10个月）

8个月以上的孩子就可以开始添加发酵类的面点了。发酵面食比未经发酵的营养更丰富，原因就在于所使用的酵母。研究证明，酵母不仅改变了面团结构，让其变得更松软好吃，还大大地提升了营养价值。

材料

中筋面粉250克
鲜奶125克
酵母粉2.5克
白砂糖25克

🍲 做法

1 2 3 4 5

6 7 8 9 10

11 12 13 14 15

1. 将酵母粉、白砂糖放入鲜奶中搅匀，静置5分钟至酵母粉和白糖化开。
2. 将鲜奶分次倒入面粉中。
3. 一边倒一边用筷子迅速搅拌成雪花状。
4. 用手将面粉和成团，提到案板上反复搓揉成光滑的面团，放入涂了一层油的小盆中，盖上保鲜膜，放置温暖处发酵。
5. 发酵至面团体积变成原先的2倍大。
6. 案板上撒上干面粉，将面团擀成长方形面片。
7. 将面片从左向右折叠。
8. 再从右向左折叠起来。

9. 再次将面片擀开，表面刷上一层清水。
10. 将面片由上往下卷起。
11. 卷成圆筒状。
12. 用刀切成小段，即成馒头生坯。
13. 将馒头生坯底部垫蒸笼纸，均匀放入蒸屉中（或在蒸屉上刷一层油，放上馒头），加盖醒发15~20分钟。
14. 冷水上蒸笼，盖好盖，蒸20分钟。
15. 蒸好的馒头不要马上揭开锅盖，熄火后要等3~5分钟，待蒸汽稍散后再打开锅盖。

心得分享

1. 制作馒头加水量一般是面粉量的1/2，有的面粉吸水性强，可能要多放10%的水分。
2. 冬天用30~40℃温水和面，夏天用凉水和面。面团发酵的时间取决于室温的不同，冬天发酵时间长，通常为3~5小时不等。夏天发酵时间短，通常为50~60分钟。
3. 面团揉的时间越长，蒸出的馒头成品表面越光洁，内部组织越细腻均匀。
4. 馒头蒸好以后不要马上开盖，关火后要等待3~5分钟，等蒸锅里的蒸汽散一散后再打开锅盖，否则馒头很容易回缩。

南瓜花馒头（9~10个月）

材料

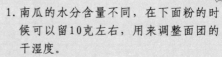
心得分享

南瓜面团材料
去皮南瓜60克
中筋面粉120克
酵母粉2克
白糖10克
清水15克

白面团材料
中筋面粉150克
清水130克
白糖10克
酵母粉2克

1. 南瓜的水分含量不同，在下面粉的时候可以留10克左右，用来调整面团的干湿度。
2. 需要整形的面团，面要和得干一些，如果太湿就会发黏，形状就不清楚了。

🫕 做法

南瓜去皮，切成薄片，放在蒸锅上蒸至软烂。

将南瓜用过滤网压成泥状，放至自然冷却。

将清水15克、白糖10克和酵母粉2克放在碗内，搅至溶化。

做南瓜面团：南瓜泥加120克面粉，倒入酵母水搅拌均匀，用手揉成光滑的面团。

做白面团：将清水、白糖、酵母粉在碗内调匀，淋入面粉中混合，用手揉成光滑的面团。

将南瓜面团和白面团分别放在盆内，盖上保鲜膜，放于温暖处发酵至体积膨胀为2倍大。

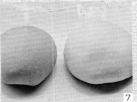

取出面团，反复揉制，使里面的空气排出。

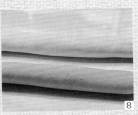

将两种面团分别搓成长条状。

将面条切成小段。

南瓜面团搓成小圆球。

将白色面团擀成薄饼，南瓜面团放在中间。

将面团收口。

收口朝下放在案板上，将面团擀薄。

用利刀在面片上均匀切12刀，刀口如图所示。

轻轻移至蛋糕纸上，将切口翻上来。

将成型的馒头放在蒸屉上，凉水上锅蒸20分钟，蒸好后不要马上揭盖，等3分钟后再开盖。

面包布丁（9~10个月）

　　这款点心非常简单和家常。我做这道点心的原意是想消耗家里多余的吐司，没想到佑佑看到大人吃，也大声嚷嚷着要吃，吃完一口接一口，一大盘给她吃了一半。佑佑的牙齿长得比别的小孩要慢些，从6个月开始长了两颗，一直到一岁半个月才突然间长了四颗上牙，所以对太硬的食物兴趣不大，特别喜欢白粥和这种软软的布丁。

材料

A料：
吐司 4片
葡萄干20克

B料：
鲜奶325克
鲜奶油50克
黄油20克
大鸡蛋3颗
白砂糖38克

做法

将葡萄干提前1晚用水浸泡至软。如果时间来不及，可以入锅用小火煮1分钟左右，至葡萄干变软。

将吐司片放入烤盘内，用220℃上下火烤8~10分钟，至吐司两面变成金黄色。

用菜刀将吐司片切成小方块状。

将吐司块和葡萄干放入烤盅内。

鲜奶、鲜奶油和白砂糖放入小锅内，开小火一边煮一边搅拌，直至砂糖溶化。温度升至60℃时就要关火。

趁热放入黄油化开，将煮好的奶浆放凉（如果着急，可隔冷水降温）。

鸡蛋用手动打蛋器打散成蛋液。

将放凉的奶浆倒入蛋液中，用打蛋器搅拌均匀。

搅好后用网筛过滤一遍。

做好的布丁液倒入烤盅内，面包块会迅速吸收水分，2分钟后再继续倒入布丁液，至九分满。

烤箱165℃预热，将烤盅放在烤盘内，烤盘内要注入水，165℃上下火烘烤40分钟即可。

心得分享

1. 做好的布丁要趁热食用，放凉了容易有蛋腥味，而且烂烂的不好吃。想去掉鸡蛋的腥味，可以在里面滴几滴柠檬汁。
2. 鲜奶加鲜奶油加砂糖加热的时候不必煮开，只要加温到一定的程度能使砂糖溶化就好。做好后千万不要趁热加入蛋中，会把鸡蛋烫成蛋花。如果没有鲜奶油，可以用鲜奶代替。
3. 烤盅内放面包块不要放得太满，留些位置可以多倒些布丁液。
4. 隔水烘烤出来的布丁会很软滑，但时间要控制好，如果用深的烤盅烘烤的时间要更长一些。判断布丁是否已熟，要先看表面是否凝固，再用汤匙挖开一角看中间是否也凝固成蛋羹状。
5. 不要给小宝宝吃上面的葡萄干哦，因为有可能会不小心噎到，只给宝宝吃面包布丁即可。

这个时期的宝宝舌头可以自如活动，上下加起来共长出8颗牙。无法用舌头磨碎的食物，会推到左右两侧用牙龈咀嚼。消化酶渐渐形成。可喂软饭，可与大人吃差不多的食物。做辅食时可把食物切成小块，做得软嫩一点，不要放盐、白糖。

宝宝在1周岁左右已经开始学习行走了，活动量相对增多，对营养的需求量也加大。辅食要由少量添加逐步过渡到每天两餐，到周岁时达到三餐。这个阶段宝宝的膳食，要尽可能安排得花色品种多样化一些，荤素搭配，粗细粮交替，保证每天都能够摄入足量的蛋白质、脂肪、糖类以及维生素和矿物质等综合营养素。除了瘦肉、蛋、鱼外，还要有蔬菜和水果。每天两次奶（每次约250毫升，分别安排在早6点和晚10点），三次辅食（和大人同时进餐），共五次。这五餐之间，可吃些切片水果或小点心。

 香粥

八宝粥

（11~12个月）

🖐 材料

花生30克
绿豆20克
薏仁20克
红枣30克
红豆25克
糯米40克
桂圆肉20颗

营养知识

用压力锅煮粥的好处，就是各种豆类都容易煮烂，不需要提前浸泡。而用明火煮粥的话，就需要提前把不易煮烂的红豆、花生、绿豆、薏仁等先泡水，提前将这部分材料下锅煮半小时，然后再下糯米、桂圆肉、红枣煮。

🍲 做法

将所有材料洗净。

放入电压力锅内，加入清水1000毫升。

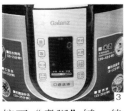

按下"煮粥"键，待"煮粥"键跳起即可。

木耳瘦肉粥（11~12个月）

材料

水发黑木耳1朵
猪瘦肉20克
青菜1小棵
胡萝卜20克
白粥1碗

营养知识

　　黑木耳的营养价值很高，每100克黑木耳含蛋白质10.6克，脂肪0.2克，碳水化合物65.5克，粗纤维7克，钙357毫克，磷201毫克，铁185毫克，钾733毫克，胡萝卜素0.03毫克。黑木耳的含铁量很高，比肉类高100倍，具有养血、活血的作用，适宜给缺铁性贫血宝宝食用。

做法

1

黑木耳提前1小时用凉水泡发，剪去根蒂部分，用牙刷洗净表面的灰尘。

2

将猪瘦肉剁成泥，胡萝卜、黑木耳、青菜分别剁碎。

3

汤锅放入少许油烧热，放入猪肉末炒出香味。

4

加青菜、胡萝卜、黑木耳碎炒香，加清水50毫升，小火煮至所有材料变软，加白粥同煮即可。

香粥

山药鱼泥粥（11~12个月）

材料

- 乌头鱼1小段
  山药20克
  嫩芹菜1小棵
  生姜2片
  香葱1根
  白粥1碗

心得分享

可以选用黄花鱼、乌头鱼、三文鱼等鱼刺不多的鱼来煮粥。挑完刺后要用手捏一下鱼肉，看里面是否有没挑完的刺。

做法

1

山药去皮，切成薄片。香葱切成小颗粒状。生姜切片。

2

乌头鱼和山药片放盘中，放入烧开的蒸锅屉上加盖，大火蒸至完全熟透。

3

将蒸好的鱼去皮，用筷子小心地取出鱼肉，撕成小块备用。

4

将蒸好的山药块放在滤网上，用汤匙压扁，滤出山药泥。

5

白粥放入小锅内，加入姜片，用小火熬煮5分钟左右，加入山药泥、芹菜粒及鱼肉即可。

热菜

菠菜蛋脯（11~12个月）

🧅 材料

菠菜40克　　　　胡萝卜10克
鸡蛋2颗　　　　　盐1/4小匙

🍱 做法

1. 锅内烧开水，放入菠菜余烫至软，捞出切碎。胡萝卜切碎。
2. 鸡蛋磕入碗内，加入盐，用筷子打散成蛋液。
3. 将菠菜碎及胡萝卜碎放入蛋液中搅匀。
4. 炒锅烧热油，倒入蛋液摊匀，待蛋液表面凝固后翻面，再煎香另一面即可。

心得分享

　　倒入蛋液后，菠菜会堆成一团，这时要用筷子尽快拨开，让其均匀地摊在蛋液里，煎出来的成品才美观。

 热菜

鸡蛋蒸肉酱（11~12个月）

🧅 材料

猪绞肉100克　　　大骨高汤30毫升
鸡蛋1颗　　　　　盐1/8小匙
　　　　　　　　　生抽2小匙

🍱 做法

1. 猪绞肉加入盐、生抽搅拌均匀。
2. 磕入鸡蛋，搅拌均匀。
3. 加入高汤拌匀，放入烧开水的蒸锅中。
4. 加盖，中火蒸20~25分钟，具体蒸制的时间会随碗的大小厚薄而不同。

心得分享

1. 在蒸肉里加入高汤可以使肉更滑嫩，但是加的量不能太多，否则肉酱就无法凝固。
2. 这道菜中肉比蛋要多，加了蛋的肉酱较滑嫩，蒸的时候不宜用大火，用中火蒸制即可。

银鱼煎蛋（11~12个月）

 材料

主料
银鱼30克
鸡蛋2颗
葱花1根

调味料
盐1/8小匙

心得分享

1. 银鱼富含钙质，每百克银鱼可供给热量407千卡，是普通食用鱼的5~6倍；其含钙量高达761毫克，为群鱼之冠，是给宝宝补钙的最佳食品。

2. 市售的银鱼，商家为了保鲜通常会用盐腌过，所以买回后要用水浸泡10分钟，并反复换水以去除盐分。

做法

1 将银鱼浸泡在凉水里10分钟去除盐分，换水洗净备用。

2 鸡蛋打散成蛋液，加入银鱼及葱花碎。

3 平底锅放油烧热，倒入鸡蛋液，小火煎至蛋液凝固。

4 翻面煎至两面金黄即可。

热菜

肉末烧茄子（11~12个月）

材料

主料
长茄子1条
猪绞肉50克
大蒜1瓣

调味料
生抽1大匙
白糖1小匙
玉米淀粉2小匙

心得分享

1. 建议不要将茄子去皮，茄皮含丰富的矿物质和膳食纤维，能帮助维持身体中的酸碱元素平衡，保护血管的弹性，并帮助预防消化道不适。
2. 茄子属于凉性食物，适合在夏天给宝宝吃，有助于清热消暑，对于容易长痱子的宝宝很有帮助。

做法

将茄子切去蒂把，先切成长条，再切成小丁。

茄丁装盘中，放于蒸锅上，大火蒸8分钟至茄丁变软。

平底锅加少许油烧热，加入肉末炒至变色。

加入茄丁炒软。

将生抽加白糖在碗内调匀，倒入锅内。

玉米淀粉加清水2大匙调匀成水淀粉，倒入锅内，烧至浓稠即可。

番茄烧豆腐（11~12个月）

🧄 材料

主料
番茄1颗
豆腐1块
香葱1根

调味料
自制番茄酱1大匙
(做法见本书p.216)
白糖1小匙
盐1/4小匙
玉米淀粉2小匙

心得分享

1. 番茄中的番茄红素和类胡萝卜素都属于脂溶性维生素，用油炒过后更有利于人体吸收和利用。
2. 用剩的豆腐容易变质，可将其放入碗中，倒入开水，晾凉后冷藏，容易保鲜。

🍲 做法

番茄上划十字刀口，放入开水锅中，再放入豆腐，大火煮至水开。

将葱分开葱白、葱绿，分别切碎。番茄去皮，切块。豆腐切块。

炒锅放少许油烧热，放入葱白粒炒出香味，放入番茄块翻炒。

锅内倒入清水，使没过番茄块，大火烧开后转小火煮至番茄软烂。

加入豆腐块、自制番茄酱及盐、白糖。

玉米淀粉加1大匙清水在碗内调匀制成水淀粉，分数次倒入锅内。

继续小火煮至汤汁变得浓稠，出锅前撒上葱花即可。

热菜 # 蔬菜肉丸
（11~12个月）

材料

主料	调味料
猪肉180克	盐1/2小匙
甜玉米粒30克	生抽2小匙
胡萝卜20克	玉米淀粉1/2大匙
豌豆20克	芝麻香油 1小匙
姜蓉1/2小匙	

心得分享

1. 给孩子吃的肉类不要太肥腻，最好选用3分肥7分瘦的猪肉。在绞肉前把肉切成小块。
2. 做这道菜的玉米粒最好选用新鲜的甜玉米，老玉米少了那份香甜味，而且不易熟。

做法

将生姜磨成蓉，胡萝卜切成2毫米见方的块，甜玉米取粒备用。

猪肉切成小块，用搅拌机绞成泥状。

猪绞肉中加入盐、生抽，用筷子用劲顺一个方向搅拌，再加入玉米淀粉搅拌至肉泥起胶。

肉泥中加入豌豆、胡萝卜粒、玉米粒，用筷子拌匀，再加入芝麻香油拌匀。

用手将蔬菜肉泥挤成大小一致的肉丸，摆放在盘子上。

蒸锅上烧开水，摆上肉丸，加上锅盖，用旺火蒸20分钟即可。

热菜 三色豆腐泥（11~12个月）

 材料

• 豆腐2小块
  西蓝花1小朵
  胡萝卜10克

心得分享

1. 西蓝花的根茎比较硬，给小宝宝吃最好只选用上面较软的花蕾。
2. 宝宝11个月时咀嚼能力还不强，所以胡萝卜和西蓝花一定要煮到够软才好。

做法

将西蓝花切小朵，胡萝卜切薄片。

放入锅内，加水，用小火煮至软烂。

捞起煮好的西蓝花及胡萝卜，过凉开水后切成碎末。

将豆腐放入锅内，加水煮约3分钟。

捞起豆腐放入盘内，用汤匙压成泥状。

将西蓝花及胡萝卜加入豆腐泥中拌匀即可。

材料

主料
鸡腿1只
嫩豌豆30克
番茄50克

调味料
细盐1/4小匙

腌料
生抽1小匙
细盐1/8小匙
色拉油1小匙

水淀粉
玉米淀粉2大匙
清水4大匙

 三色鸡蓉羹
（11~12个月）

心得分享

1. 豌豆要选嫩的，即颜色偏绿的。
2. 番茄下锅内不用煮太久，让汤内有些味就行，太久了煮烂了。
3. 下鸡蓉的时候要把火熄掉再下，这样更容易定型。
4. 做汤羹加入的水淀粉量要比炒菜多2倍，感觉汤不够浓的话可以继续加一些水淀粉。

做法

鸡腿去骨取肉，切成小块。番茄切成小块。

用搅拌机将鸡肉搅成泥状，加入A腌料搅拌成团，腌制约10分钟。

锅内注入500毫升清水，放入嫩豌豆，煮至水开后改小火煮5分钟。

加入番茄丁煮至水开，熄火，将鸡肉一点点用筷子拨入锅内。

鸡肉全部拨入锅内，再开大火煮至水开。玉米淀粉加清水调成水淀粉。

加入盐，慢慢倒入水淀粉搅匀，煮至浓稠即可。

 汤羹 **虾仁豆腐羹**

（11~12个月）

🛎 材料

主料

蘑菇、鸡肉、黄瓜各30克，豆腐50克，番茄20克，玉米粒20克

调味料

盐1/4小匙，玉米淀粉2大匙，生姜1块

1. 表皮色发红或发黑、身软、掉头尾的虾不新鲜，不要吃。
2. 快速去虾壳：将虾洗净，放在冰箱里速冻30分钟，取出用冷水浸泡解冻，即可将虾撕去外壳。
3. 做这道汤羹时水淀粉多放些，这样汤才能煮得浓稠。

🫙 做法

将鲜虾撕去外壳，用利刀在虾背上割开一刀，取出虾线。姜切丝。

姜丝加1匙水抓捏片刻成姜汁。鲜虾加少许姜汁、盐拌匀，腌制10分钟。

蘑菇、黄瓜、番茄分别切成丁。豆腐切成5毫米的块。

汤锅内烧开水，放入蘑菇丁和豆腐丁汆烫2分钟，捞起备用。

重新在汤锅内烧开水，放入蘑菇丁和豆腐丁，加入虾仁煮至水开。

加入黄瓜丁、番茄丁、玉米粒，煮至水开，转成小火。

淀粉加4大匙清水制成水淀粉，分次淋入汤中，边煮边搅，至汤汁变稠。

最后加入盐调味即可。

玉米牛奶浓汤（11~12个月）

材料

甜玉米粒100克
芹菜1根
紫皮洋葱1/3颗
胡萝卜1/3根
鲜奶250毫升
玉米淀粉15克

做法

1 芹菜取茎切碎。洋葱切碎，胡萝卜切成小颗粒，玉米剥成玉米粒。

2 汤锅内放少许植物油烧热，放入洋葱碎、胡萝卜碎炒出香味。

3 加玉米粒翻炒片刻，加清水，水量要没过玉米粒，小火煮约5分钟。

4 倒入鲜奶，用小火煮至沸腾。

5 玉米淀粉15克加清水30毫升调匀，成水淀粉。

6 将水淀粉倒入汤锅内，小火煮至浓稠，边煮边用木匙搅拌以防煳底。

7 煮至汤汁变得像浆糊一般浓稠。

8 最后撒上芹菜碎即可。

🧄 材料

主料	调味料
牛肉100克	盐1/2小匙
平菇50克	鸡精1/4小匙
南豆腐50克	白胡椒粉1/4小
鸡蛋白1颗	
香菜2根	**水淀粉**
香葱1根	玉米淀粉1大匙
生姜2片	清水2大匙

心得
分享

1. 剁碎的牛肉如直接下锅煮就会变成一坨，事先用开水在碗中烫过不但可以搅散，还可去血水。
2. 淋入蛋清时不要一碗全倒下去，而是转着圈慢慢地淋入碗内，并且火不要开得太大，以免把蛋清煮老。

🫙 做法

1

牛肉剁碎，尽量剁得细一些，放碗中。

2

平菇去蒂切碎，南豆腐切小块，香菜切碎，香葱切碎，生姜切片。

3

玉米淀粉加水调成水淀粉，鸡蛋分开蛋黄、蛋清，只取蛋清备用。

4

取一汤匙开水放入牛肉碗内，用筷子搅开，用漏勺沥干血水备用。

5

锅中加水，放入平菇、南豆腐块、姜片煮开。

6

加入沥净血水的牛肉末，再次煮开。

7

加入调好的水淀粉勾芡，煮至汤变稠。

8

夹出姜片，调小火，转圈淋入蛋清。

9

熄火，加入盐、胡椒粉、鸡精、香菜碎和香葱碎即可。

米饭 南瓜鸡肉饭
（11~12个月）

材料

主料
鸡腿1只
生姜2片
南瓜150克
白饭1碗

调味料
盐1/4小匙
香油1小匙

心得分享

1. 鸡肉质地细嫩，滋味鲜美，含有维生素C、维生素E等，蛋白质的含量也较高，而且消化率高。鸡肉中含有必需氨基酸，能促进脑部发育。
2. 宝宝11~12个月时咀嚼能力已经很强了，这时的南瓜可以切大块一点，帮助锻炼宝宝的咀嚼能力。鸡肉不易煮烂，仍然要切得比较小。

做法

将鸡腿用厨房剪刀去骨，取出鸡肉，切成小颗粒。

南瓜去皮，切成1厘米大小的颗粒。

奶锅烧热，放少许植物油，放入生姜片、鸡肉粒炒至鸡肉变为白色。

放入南瓜粒翻炒约1分钟，加入清水1碗，大火煮开后转小火煮5分钟至南瓜变软烂。

加入白米饭、盐、芝麻香油。

煮至汤汁变浓稠即可。

牛肉番茄芝士软饭（11~12个月）

🥄 材料

牛肉50克
番茄50克
生菜1张
白米饭1碗
宝宝芝士1片

心得分享

芝士（cheese）也称奶酪，是由牛奶浓缩制成的，浓缩了牛奶中所有的天然营养成分，芝士的含钙量相当于同量牛奶的6倍，能补充宝宝身体发育所需的蛋白质、钙、磷等成分。宝宝周岁后可以在辅食中添加适量宝宝芝士。

🍚 做法

1. 将番茄、生菜、宝宝芝士切碎，牛肉剁成泥。

2. 牛肉放在小碗内，冲入热开水，搅拌开后用滤网滤出血水备用。

3. 将白米饭加入清水煮软。

4. 加入余烫过的牛肉、宝宝芝士和番茄丁。

5. 煮约3分钟至番茄变软，临出锅前加入青菜即可。

鸡肉蔬菜软饭（11~12个月）

材料

- 鸡胸肉20克
  胡萝卜20克
  芹菜10克
  洋葱20克

心得分享

1. 胡萝卜比较不容易煮软，所以要先下锅；芹菜很容易煮熟，要最后临出锅前再放。
2. 如果是给月龄小的宝宝吃，要把鸡肉再剁碎些，比较容易消化。

做法

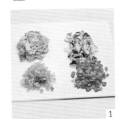

洋葱、胡萝卜分别切碎。芹菜择去叶，取梗切碎。鸡胸肉剁成碎末。

炒锅内放少许油烧热，放入洋葱碎炒出香味。

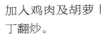

加入鸡肉及胡萝卜丁翻炒。

加入白米饭及大骨汤，汤量要没过米饭，大火煮开，转小火煮10分钟。

最后再加入芹菜碎，煮约1分钟即可。

熊猫豆沙包 （11~12个月）

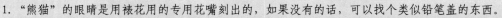

1. "熊猫"的眼睛是用裱花用的专用花嘴刻出的，如果没有的话，可以找个类似铅笔盖的东西。

2. 在粘眼睛、鼻子、耳朵这些部位的时候，要蘸一些水，否则很容易掉下来。

3. 面团发酵所用的时间与温度有关，首次发酵，夏天可能只需1小时；冬天则需要发酵3~5小时。
   成型后上蒸笼二次发酵，夏天只需15分钟，冬天可能需要发酵30~40分钟。

佑佑看了电视剧版《功夫熊猫》后，就爱上了那只肥肥的熊猫，还学着它一晃一晃地走路。当看到妈妈拿出一盘熊猫豆沙包时，开心得嘴都合不拢了。

🧄 材料

中筋面粉250克
清水120克
活性干酵母3克
砂糖30克
可可粉5克
红豆沙100克

🍚 做法

将清水加干酵母在碗内搅拌至酵母溶化。

将酵母水分次少量地加入面粉中，用筷子搅拌成雪花状，和成光滑的面团。

将碗内涂一层油，将面团放入碗内，表面盖上保鲜膜，放置在温暖处静置发酵1~2小时。

直至面团发酵至两倍大小，用手指按下面团，小坑不会马上回缩。

碗内放入可可粉，放入一小块白面团混合成可可面团。

混好的可可面团和白面团。

将可可面团用擀面棍擀开，用裱花嘴按压出圆形片制成眼睛。

取50克白面团做成头部，可可面团分别制成耳朵、鼻子。

用花嘴的头部在做眼睛的圆片上按个小孔作为瞳孔。

白面团里包入豆沙馅。

捏紧收口。

可可面团蘸少许水，粘成熊猫的耳朵、眼睛和鼻子。

底部垫防粘油纸，放入蒸笼静置15分钟，让面团二次发酵。

冷水上蒸锅，加盖蒸20分钟。

蒸好后不要马上开盖，等待10分钟后再开盖取出即可。

糊塌子

（11~12个月）

材料

- 西葫芦（茭瓜）1个
  面粉100克
  鸡蛋1颗
  盐1/4小匙

心得分享

　　西葫芦丝加盐后放一会儿会出水，要把一部分水挤干，不然水分太多就需要加入太多面粉，味道不好。

做法

1. 西葫芦洗净，用擦子擦成粗丝。

2. 西葫芦丝放入盆内，加入盐拌匀，腌制20分钟。

3. 腌至西葫芦丝出水变软，取出，挤掉一半的水分。

4. 打入一颗鸡蛋。

5. 再加入面粉，搅匀。

6. 平底锅不要烧热，先涂一薄层油，舀入西葫芦面糊。

7. 将西葫芦面糊摊开成圆饼形，开小火慢慢煨至面糊凝固。

8. 翻面，再将饼煎至有些焦黄色即可。

面食 元宝云吞（11~12个月）

做法

1. 猪绞肉加盐、蚝油、玉米淀粉和切碎的香葱。

2. 用筷子顺一个方向搅至起胶，成肉馅。

3. 云吞皮平摊开，放入一小块肉馅。

4. 将云吞皮向上对折，蘸点水，粘紧。

5. 将左右两边的角向内对折，蘸水粘紧。

6. 将云吞皮向外翻开，成元宝状。

7. 虾皮和紫菜分别加水浸泡10分钟，洗净备用。

8. 汤锅内烧开水，下云吞，盖锅盖，中火煮开。

9. 加入一次清水，再次加盖煮开。

10. 最后加入紫菜、虾皮、盐，煮至沸腾即可。

材料

主料	调味料	汤料
猪绞肉150克	盐1/8小匙	紫菜10克
香葱2根	蚝油2小匙	虾皮5克
云吞皮适量	玉米淀粉2小匙	盐1/8小匙
	芝麻香油1大匙	

心得分享

1. 煮云吞的时候要加一次冷水，才能把肉馅煮透。如果不加冷水，一直用开水煮，可能会把外面的皮煮破而肉馅还不熟。如果云吞冷冻过，煮时就要加两次水。

2. 煮好的云吞内部会很烫，要先从汤里把云吞捞起来，放在碗内放凉才好给宝宝吃。

面食 鲜肉包子（11~12个月）

🍶 材料

面皮材料

中筋面粉250克
酵母粉3克

内馅材料

3分肥7分瘦的
　猪肉200克
香葱2根
生姜1片
玉米淀粉2小匙

调味料

生抽1大匙
蚝油1匙
盐1/4小匙
玉米淀粉1大匙

🍲 做法

将酵母粉放入30℃温开水125毫升中，搅拌溶化。

将酵母水缓缓倒入面粉中，边倒边用筷子快速搅拌。直至面粉成雪花状。

用手揉成光滑的面团，盖上保鲜膜，静置发酵1小时。

发酵至面团体积膨胀为原先的2倍大（冬天发酵时间要适当加长）。

将猪肉切小块，放入搅拌机内搅拌成蓉。香葱切碎，生姜磨成泥。

将生抽、蚝油、盐、玉米淀粉、葱花、姜泥放入肉馅中。

顺时针方向将肉馅搅拌至起胶。

将发酵好的面团用双手揉至切面无明显气孔。

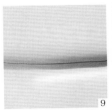
将面团搓成长条。

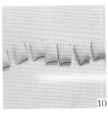
用利刀切成小剂子。

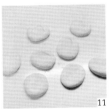
案板上撒一层干面粉，用手将面剂子按扁。

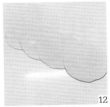
用擀面棍将面团擀成2毫米厚的面皮。

将做好的肉馅放在面皮中间。

捏起褶子，包成圆形的包子。

包好的包子底部垫蒸笼纸，放置醒发15~20分钟，至包子有些微膨胀。

冷水上锅，加盖蒸20分钟。

蒸好的包子不要马上开盖，等5分钟后热气散出，再打开锅盖，即可食用。

西红柿鸡蛋饺子（11~12个月）

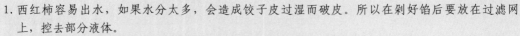

心得
分享

1. 西红柿容易出水，如果水分太多，会造成饺子皮过湿而破皮。所以在剁好馅后要放在过滤网上，控去部分液体。

2. 做好的西红柿鸡蛋馅还要再剁细，不然包在饺子里会造成形状不美观。

3. 做出筋道的饺子皮的窍门：用高筋面粉和面，并在里面加少许盐，和面的水不要太多，擀皮的时候不要擀得太厚。

材料

内馅材料

西红柿200克

鸡蛋2颗

白糖8克

盐3克

面皮材料

高筋面粉120克

盐1克

清水60克

做法

1 将清水加盐混合均匀，慢慢倒入面粉中，用筷子快速搅匀。

2 用手和成光滑的面团，放入盆内，盖上保鲜膜，静置20分钟。

3 西红柿顶端切十字刀口，用餐叉叉住蒂部，在炉火上烧至破皮，将表皮撕去。

4 将西红柿切成瓣状。

5 将西红柿的籽去掉。

6 果肉剁成碎块。

7 剁好的西红柿馅倒入漏勺，放置在盆内静置，控去部分汁液。

8 鸡蛋在碗内打散成均匀的蛋液。

9 炒锅烧热，放少许油烧热，倒入鸡蛋液炒，滑散成块状。

10 加入西红柿碎、白糖及盐拌匀。

11 将拌好的馅在菜板上再次剁碎。

12 和好的面团搓成长条状。

13 用利刀切成面剂子。

14 将面剂子用手按扁，用擀面棍擀成薄的圆形面皮。

15 取一些西红柿馅放在饺子皮上。

16 将皮捏紧成饺子生坯。

17 汤锅内烧开水，放入饺子生坯，加盖煮至水开，加入一碗清水，再次加盖煮至水开。

18 见饺子全部浮在水面上时捞起即可。

山药枣泥糕

（11~12个月）

材料

- 山药200克
  红枣200克
  山楂条2片

心得分享

1. 山药的汁液会刺激皮肤，建议在去皮的时候戴上厨用手套。
2. 剥过皮的山药如果不马上蒸制，要浸泡在水中，以防氧化变色。
3. 红枣要选大颗的、果肉多的，如新疆和田枣，不要选金丝小枣。

做法

1

将山药削去表皮，切成薄片。红枣用刷子刷洗干净表皮。

2

蒸锅加水烧开，将山药和红枣放入盆中，再放入蒸锅内，中火蒸30分钟。

3

红枣撕去表皮，去除枣核，取枣肉。

4

用宝宝专用过滤网将红枣肉压成泥状。

5

山药用过滤网压成泥状。

6

用手将山药团成团后，压成5毫米厚的饼状，做成两片。

7

将红枣泥平铺在山药饼上。

8

在枣泥上再盖上一片山药饼。

9

用花形刻花器按压，制成梅花形。

10

用小形的刻花器将山楂条刻出形状，摆放在山药饼上即可。

Part 3

1~2岁 宝宝餐

✳ 1~2岁宝宝喂养方案

　　随着乳牙的陆续萌出，宝宝的咀嚼及消化吸收功能比前一段时间成熟了许多，因此在喂养方面，与满周岁时相比会略有一些变化。为了给断奶做准备，要慢慢让宝宝学习用奶瓶喝奶，每天摄入250~500毫升的配方奶。不妨把每天给宝宝进餐的次数改为5次，正常3餐之间，上下午各加1次点心，还可每天加1个鸡蛋。

　　这个阶段要特别注意培养宝宝良好的饮食习惯，不可给过多零食，以便让宝宝保持旺盛的食欲，避免出现挑食、偏食等状况。因为婴幼儿营养不良，大多是因为饮食习惯不良，致使摄入的营养成分不够全面、均衡所致。挑食、偏食等不良饮食习惯最终会影响到孩子正常的生长发育。

　　为了保证宝宝每天能够摄入足量的生长发育所需的维生素C、胡萝卜素、钙、铁、磷等，应当给孩子多吃一些黄绿色的新鲜蔬菜，如油菜、菠菜、西蓝花、胡萝卜、西红柿、红薯等。另外，萝卜、白菜、芥菜头、土豆等蔬菜也非常适合宝宝食用。

　　制定食谱时，应当考虑每天给宝宝吃一定量的水果，含维生素C较多的水果有橘柑类、鲜枣、山楂、猕猴桃、草莓等。

热菜 芹菜炒豆干

🧄 材料

主料	调味料
芹菜3根	盐1/4小匙
五香豆干3块	生抽2小匙
	白糖1小匙

🍲 做法

芹菜切去根部，择去菜叶，根茎部切碎。豆干切碎。

平底锅放油烧热，放入豆干、生抽、白糖，小火翻炒2分钟。

放芹菜及盐，翻炒1分钟即可。

莴笋拌胡萝卜

 材料

主料
莴笋200克
胡萝卜100克
水发黑木耳50克

调味料
盐1/4小匙
芝麻香油1大匙

心得分享

1. 这道菜原本应凉拌的，即焯烫过后要用凉开水过凉后拌制。但因为孩子的肠胃脆弱，所以改成温拌了。

2. 黑木耳和莴笋均属凉性食物，不要一次食用过多，且腹泻的宝宝不宜食用。

做法

1

黑木耳用凉水浸泡半小时至涨发，用牙刷将表面的灰尘刷洗干净。

2

将黑木耳、莴笋及胡萝卜切成细丝。

3

平底锅加水烧开，放入莴笋丝、胡萝卜丝焯烫3分钟，放入黑木耳丝再烫2分钟。

捞起沥净水分。

5

将材料放入碗内，加入盐、芝麻香油拌匀即可。

番茄炒花椰菜

🥄 做法

1

2

3

4

番茄用餐叉插上，放在炉火上转圈，烧约30秒钟，至表皮起皱，剥去表皮。

番茄切成小丁，菜花切成小块，生姜、大蒜切碎，香葱切碎。

烧开一锅水，放入菜花煮约5分钟，至菜花变得软烂，捞起备用。

平底锅放少许油烧热，放入姜末、蒜末，小火炒出香味。

5

6

7

8

9

加入番茄丁，用小火翻炒约1分钟。

加入清水没过番茄，大火煮开后转小火煮至番茄软烂。

加入煮过的菜花，调入盐、白糖。

玉米淀粉和1大匙清水在碗内调匀，分次加入锅中。

边加边用锅铲搅拌，小火煮至汤汁变浓稠即可。

🥬 材料

主料	调味料
番茄60克	盐1/4小匙
菜花100克	白糖1小匙
香葱1根	玉米淀粉2小匙
生姜1小块	
大蒜1瓣	

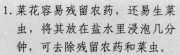

1. 菜花容易残留农药，还易生菜虫，将其放在盐水里浸泡几分钟，可去除残留农药和菜虫。

2. 菜花茎较硬，余烫时要尽量多煮一会儿，煮至软烂为佳。

3. 菜花有较好的保健功效，宝宝常吃可促进生长，保护视力，提高记忆力，并有助于牙齿和骨骼的发育。

 热菜 蜜汁烧萝卜

材料

- 主料
  胡萝卜200克
  大蒜2瓣

- 调味料
  白砂糖1大匙
  盐1/4小匙

心得分享

1. 胡萝卜素属脂溶性维生素，有油脂存在时会在人体内变为维生素A，所以加油炒熟是较好的烹饪方法。

2. 气管不好、经常感冒、抵抗力差的小宝宝应经常吃胡萝卜，因为维生素A可附着在呼吸道上形成一层保护膜，有效隔离病原体对呼吸道黏膜细胞的伤害。

做法

1

2

3

4

5

胡萝卜削去表皮，切成滚刀块。大蒜去皮切成片。

炒锅放少许油，下入蒜片炒出香味。

加入胡萝卜块和调味料，倒入50毫升清水。

大火煮开后转小火，盖上锅盖焖煮。

煮至锅内的水烧干，盛出即可。

热菜 圆白菜炒米粉

材料

主料	调味料
圆白菜100克	盐1/2小匙
胡萝卜50克	白糖1/2小匙
水发香菇2朵	生抽2小匙
鸡蛋1颗	玉米淀粉1小匙
猪瘦肉50克	
米粉150克	

心得分享

1. 泡米粉要用凉水，用热水会泡得外软而心硬。
2. 炒米粉时油要放多点，才不易粘锅。炒一会儿后要加点水，才容易煮透。

准备工作

圆白菜撕开叶片，用清水浸泡20分钟后洗净。香菇用温水浸泡1小时至软。鸡蛋打散成蛋液，用平底锅摊成蛋皮。米粉用凉水浸泡30分钟至软。

做法

1. 圆白菜、胡萝卜、蛋皮、猪肉、香菇分别切丝。

2. 猪肉丝加生抽、淀粉、植物油拌匀，腌10分钟。

3. 炒锅内放油烧热，放入香菇丝炒出香味。

4. 下胡萝卜丝、圆白菜丝，加盐1/4小匙调味。

5. 翻炒至圆白菜变软。

6. 将腌好的猪肉丝放入锅内，小火炒至变色，盛出备用。

7. 炒锅放1大匙油烧热，放入米粉，加入剩余盐，再加2大匙清水炒约2分钟。

8. 加入事先炒好的配菜及蛋皮丝，将所有原料翻炒均匀即可。

热菜 肉末炒四季豆

材料

主料
四季豆150克
胡萝卜100克
猪绞肉120克

调味料
盐1/4小匙
芝麻香油少许
生姜1小片
大蒜1瓣

心得分享

1. 豆荚类食材烹调前应将豆筋择除，否则既影响口感，又不易消化。
2. 四季豆须用沸水焯透或热油煸至变色熟透，烹制时间宜长不宜短，要保证完全熟透，否则会导致中毒。

做法

1. 将四季豆的粗茎撕去，大蒜去皮，生姜去皮。

2. 四季豆切小段，胡萝卜切成5毫米见方的块，生姜、大蒜剁碎。

3. 平底锅内加入少许水，放入猪绞肉小火煮开。

4. 煮至锅内的水分变干，加入姜末、蒜末、少许植物油炒出香味。

5. 加入四季豆和胡萝卜丁，调入盐，再加入2大匙水，盖上锅盖焖煮一会儿。

6. 煮至四季豆完全熟透后，淋入少许香油即可出锅。

鸡蛋饺子

和传统的蛋饺做法不同，这次我用的是"懒人"法，一次煎一张大的蛋皮，再切割成小蛋皮，包住肉馅。一次能做好几个，成功率还很高。

🥢 材料

肉馅材料

猪绞肉150克
香葱2根
生姜1片

调味料

盐1/4小匙
蚝油2小匙
玉米淀粉2小匙
芝麻香油2小匙

蛋皮材料

鸡蛋5颗
玉米淀粉1/2小匙
清水2小匙

心得分享

1. 这个配方的肉馅可以做约20个蛋饺，1颗鸡蛋摊出的蛋皮可以做4个蛋饺，所以原料用5颗鸡蛋。
2. 煎蛋皮的蛋液里要混合一些水淀粉，这样煎出来的蛋皮不易破，而且更滑嫩。
3. 在煎好的蛋皮上涂生蛋液是起到胶水的作用，在加热过程中可以把蛋皮粘牢，所以回锅煎的时候要用手按一下边缘。
4. 在蛋皮里面包肉馅时不要包得太多，不然容易涨破蛋皮，成品不美观。
5. 做好的蛋饺里肉是生的，所以要放冰箱冷冻保存。等吃的时候提前拿出来解冻，再下锅煮。

🍚 做法

1 香葱切碎，生姜磨成泥，都加入三分肥七分瘦的猪绞肉中，再加入盐、蚝油、玉米淀粉。

2 用筷子沿着一个方向搅拌至起胶。

3 取1颗鸡蛋打散成蛋液。玉米淀粉加清水在碗内调成水淀粉，倒入蛋液中搅匀。

4 平底锅刷一层油，烧热，保持小火，倒入蛋液，晃动平底锅将蛋液摊成圆形，煎至蛋皮边沿翻起时翻面，至两面都呈微焦黄色时取出。

5 将蛋皮平铺在案板上，用圆形切割器切成4个圆形蛋皮。

6 取一些生蛋液涂抹在蛋皮上，再用筷子夹一些肉馅放在中间。

7 将蛋皮向内对折，尽量让生蛋液把蛋皮粘起来。

8 蛋饺放入平底锅中，开小火加热，加热过程中用手按压蛋皮边沿，尽量让其粘合在一起。

白菜肉丸粉丝汤

做法

将绿豆粉丝提前用凉水浸泡30分钟至软。生姜剁成姜泥。

白菜心一张张剥开叶片洗净，分开菜叶和菜帮，切成小片状。

选三分肥七分瘦的猪肉，先切成小块，再放入搅拌机内打成肉泥。

肉泥加盐、玉米淀粉、姜泥、香油，用筷子顺一个方向搅拌至起胶。

汤锅内烧开一锅水，放入白菜帮先煮约5分钟至变软。

再加入菜叶、姜片，煮约3分钟。

用手将搅好的肉泥挤成丸子，用汤匙将肉丸子放入汤锅中。

加盐调味，煮至肉丸变白色后加入泡过的粉丝，煮约3分钟即可。

材料

主料

猪肉150克
白菜心1棵
绿豆粉丝50克
香葱1根
生姜1片

肉丸调味料

盐1/4小匙
玉米淀粉1大匙
芝麻香油1大匙

煮汤调味料

盐1/2小匙

心得分享

1. 给宝宝吃白菜宜选菜心，容易消化。煮白菜时要先煮硬的菜帮，再煮易熟的菜叶。

2. 粉丝稍煮后容易吸收汤水，所以下锅后不宜久煮，出锅后要尽快食用。

3. 如果有大骨高汤代替清水煮汤，味道会更鲜美。

汤羹　冬瓜排骨汤

材料

主料

冬瓜500克
排骨500克
生姜1片

调味料
盐适量

心得分享

1. 冬瓜含有糖分、蛋白质、多种维生素和矿物质。尤其适合在夏天饮用，可以起到清热消暑、止渴解毒的功效。
2. 冬瓜性微寒，不要一次给宝宝吃太多。腹泻的宝宝不宜食用冬瓜。

做法

1

2

3

4

冬瓜切去表面厚皮，掏去里面的瓜瓤，切成3厘米见方的块。排骨洗净，斩成小块。

汤锅加水烧开，放入排骨，再次煮至水开，捞起用流动水冲洗干净。

汤锅里重新注入清水，加入排骨，大火烧开后改小火煮30分钟。

放入冬瓜块煮约30分钟，加入盐调味即可。

猪血中含铁量较高，且易被人体吸收利用，儿童食用可辅助防治缺铁性贫血；另猪血含锌、铜等矿物质，能帮助宝宝提高免疫功能。

红白豆腐汤

🥄 材料

主料

猪血150克　　　玉米淀粉1大匙
嫩豆腐150克　　生姜2片
蛋皮1张　　　　香葱1根

调味料　　　香菜1根

盐1/2小匙

心得分享

1. 猪血的腥味较重，烹制前要先用热开水煮2分钟，并要多放姜、葱以去腥味。
2. 挑选猪血：真的猪血颜色暗红，表面或者断面都很粗糙且有层次感，里面有气泡，有股淡淡的腥味。

🍲 做法

1

猪血、嫩豆腐切成大小一致的块，香葱切碎，生姜切片，蛋皮切丝。玉米淀粉加30毫升清水调匀成水淀粉。

2

汤锅内烧开一锅水，放入猪血块、嫩豆腐块煮至水开，捞起沥净水分备用。

3

汤锅内重新烧开一锅水，放入烫过的猪血及豆腐，加姜片，分次加入水淀粉，边煮边搅拌，直至浓稠适度。

4

加入盐、蛋皮、葱花、香菜碎，即可起锅。

米饭 肉松饭团

🍲 做法

1. 将菠菜洗净，切去根部。小锅内烧开水，将菠菜烫熟，捞出备用。

2. 将胡萝卜切片，放入烫菠菜的开水锅内，小火煮5分钟至软。

3. 将熟鸡蛋中的蛋黄取出，用汤匙压成泥。菠菜及胡萝卜切碎。

4. 米饭趁热加白醋、绵白糖、盐，用汤匙拌匀，用扇子把米饭扇凉。

5. 米饭分别放入3只小碗中，再分别加入3种材料拌匀。

6. 取一张保鲜膜，平铺上菠菜米饭，在中间放上肉松。

7. 用手将保鲜膜收拢，做成团状即可。

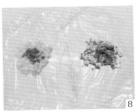

8. 加了蛋黄和胡萝卜的米饭分别用相同的方法做成饭团即可。

🧄 材料

主料
菠菜20克
胡萝卜20克
煮熟的鸡蛋1颗
米饭1碗
自制肉松20克
（做法见本书p.207）

调味料
白醋1小匙
绵白糖1小匙
盐1/8小匙

心得分享

宝宝爱吃肉的话，可以用肉松或是炒好的肉末做内馅。如果宝宝不爱吃肉，不妨夹些软质的水果，如香蕉、奇异果之类的都可以。

米饭 三文鱼炒饭

🫑 材料

主料

三文鱼50克
胡萝卜50克
水发香菇3朵
芹菜2根
香葱2根
鸡蛋1颗
米饭1碗

调味料

盐1/2小匙
生姜汁少许

心得分享

1. 三文鱼有些腥味，为了给鱼块去腥，最好挤一些姜汁先腌制片刻。

2. 芹菜可以给饭菜增加香气，但需注意不要过早放入，临出锅前再放口感更爽脆。

3. 三文鱼也称鲑鱼。三文鱼所富含的omega-3不饱和脂肪酸能够促进儿童大脑与眼睛的发育。富含的DHA是构成大脑与眼部结构的重要部分，是对大脑的发育起重要作用的物质。

🍲 做法

1

将三文鱼切成8毫米见方的细丁，胡萝卜切5毫米见方的细丁，水发香菇去根切碎，芹菜切碎。香葱分开葱白、葱绿，切成细丁。

2

三文鱼丁放碗中，加少许盐、生姜汁拌匀，腌制10分钟。

3

炒锅置火上，放油烧热，放入三文鱼丁炒至变色，盛出备用。

4

将葱白粒、胡萝卜丁、香菇丁放入锅内炒出香味，盛出备用。

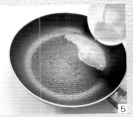
5

鸡蛋磕入碗内，用筷子打散成蛋液，淋入再次烧热的炒锅内。

6

用饭铲将蛋液炒散成小块状。

7

加入白米饭炒至松散，加盐调味。

8

加入事先炒好的三文鱼丁、香菇丁、胡萝卜丁翻炒均匀。

9

临出锅前加入芹菜粒及香葱碎，拌匀即可。

木耳肉丝炒饭

做法

1

水发黑木耳洗净，切细丝。猪肉、胡萝卜、芹菜分别切细条。

2

用生抽、玉米淀粉、色拉油将猪肉丝拌匀，腌制10分钟。

3

炒锅加油烧热，放入猪肉丝炒至变色，盛出。

4

炒锅加少许油烧热，放入胡萝卜丝、黑木耳丝和少许盐，炒至胡萝卜变软。

5

加入芹菜丝翻炒均匀。

6

加入白米饭、盐1/4小匙，炒至松散。

7

临出锅前加入事先炒好的猪肉丝。

8

最后将饭菜炒匀即可。

木耳营养价值较高，但其性寒，一次不能给宝宝吃过多；鲜木耳有少许毒性，不宜给宝宝吃。

材料

主料	腌肉料
水发黑木耳3朵	生抽1/2大匙
猪肉丝50克	玉米淀粉2小匙
胡萝卜30克	色拉油2小匙
芹菜2根	
白饭1碗	调味料
	盐1/4小匙

心得分享

1. 泡发木耳时用凉水，泡好后较爽脆。

2. 炒猪肉丝时不要炒太长时间，否则口感会发涩。

面食 # 菜丝煎饼

材料

- 土豆150克
- 胡萝卜100克
- 芹菜2根
- 鸡蛋1颗
- 面粉50克
- 盐1/2小匙

心得分享

1. 土豆和胡萝卜切丝的时候不要切太粗，不然不容易熟。切好的丝必须先用盐腌至变软，才好用来做饼。
2. 摊开的饼不要太厚，否则两面都煎煳了，里面还没有熟。

做法

1

土豆、胡萝卜分别去皮，切成2毫米粗细的丝。芹菜取茎，切细丝。

2

土豆丝、胡萝卜丝、芹菜丝放碗内，加盐拌匀，放置腌制20分钟。

3

腌制到菜丝变软。

4

将一个鸡蛋打入菜丝内搅拌均匀。

5

加入面粉拌成糊状。

6

拌好的菜面糊。

7

平底锅放少许油，先不开火，倒入适量菜面糊，摊开成小圆饼状。

8

圆饼整好形状后开小火煎至定型，翻面，两面煎至表面金黄色即可。

面食 香甜南瓜饼

🧄 材料

南瓜适量
糯米粉100克
白糖40克

1. 南瓜含水量不同，所需要的糯米粉量也不同，有可能会增减10克左右，要根据实际情况调整。
2. 过滤过的南瓜泥更加细腻可口，但如果时间匆忙，不过滤也是可以的。
3. 砂糖要趁热加入南瓜泥内拌匀，比较容易化开。

🍲 做法

南瓜洗净，去皮、瓤，切小块。

将南瓜块放入盘中，上蒸锅，加盖，蒸20分钟至软烂。

用网筛过滤南瓜泥。

过滤好的南瓜泥称出100克的量，趁热将白糖加入南瓜泥内拌匀。

再加入100克糯米粉混合均匀。

和成光滑不粘手、柔软如耳垂的面团。

将面团搓成长条状。

用利刀将面团切成均匀的小段。

用手逐个搓成圆球状。

用双手将圆球按扁成5毫米厚的饼。

平底锅热少许油，放入南瓜饼用小火煎制。

煎至一面定型后翻面，往锅内加入2汤匙清水。

盖上锅盖，焖约1分钟至水干。

再翻一次面，将两面煎至金黄上色即可。

面食 **五香鱼饼**

🍳 材料

主料

白吐司2片

鸡蛋1颗

土豆100克

挪威三文鱼100克

葱花10克

红椒圈少量

腌鱼料

白兰地1小匙

盐1/8小匙

调味料

盐1/4小匙

鸡精1/8小匙

黑胡椒粉1/8小匙

五香粉1/8小匙

炒香白芝麻适量

心得分享

1. 吐司面包块在这里起到粘合的做用，没有它土豆泥就不会粘合在一起。因此要先把吐司面包用鸡蛋浸湿再搅拌成团，不要成块状。

2. 制作鱼饼时要戴一次性手套防止粘手，或者用保鲜膜也可以。

3. 煎鱼饼的时候不要将油烧得太热才下锅，否则容易煎煳。

🍳 做法

1　将白吐司表皮剥除，剪成小块状。

2　鸡蛋打散，放入面包块浸泡5分钟，用筷子搅拌成泥状，使之变成团。

3　土豆去皮，切成小块，放入微波专用碗中，加盖，高火加热5分钟至熟。略放凉后将土豆装入食品袋中，用擀面棍擀成泥状。

4　三文鱼切成小块，用白兰地和盐拌匀，腌制10分钟。

5　净锅烧热，加油热至160℃，加入三文鱼丁炒至变色，盛出备用。

6　浸好的面包块和薯泥、葱花、盐、鸡精、黑胡椒粉、五香粉、炒香白芝麻一起搅拌成团。

7　最后再加入炒好的三文鱼丁，用手抓捏均匀，不要用筷子拌，以免鱼肉散开。

8　双手戴一次性手套，或用手沾凉水，将食材先搓成球状，再按扁成饼状，在表面粘上红椒圈做装饰。

9　锅内倒少许油，烧至六成热，放入做好的鱼饼，小火煎至底部金黄色，再转正面煎至微上色即可。

葱花鸡蛋薄饼

面食

做法

1

2

3

4

香葱洗净，切葱花备用。

鸡蛋磕入碗内，用筷子搅拌成蛋液。

蛋液中缓缓冲入清水，边冲边用筷子搅匀，再加入盐及植物油拌匀。

将面粉倒入蛋液中，用打蛋器搅拌均匀，成可以流淌的面糊状。

5

6

7

8

加入切好的葱花，再用打蛋器搅拌均匀，不要有面粉结块的现象。

平底锅倒入植物油1小匙，先不要加热，舀起1汤匙面糊淋入锅内。

迅速转动平底锅，将面糊摊在锅底成圆饼状。

锅置火上，小火加热至面糊凝固，翻面，用小火煎至两面都焦黄上色，取出切件即可。

材料

• 大鸡蛋2颗　　　　盐1/4小匙
清水210毫升　　　植物油1小匙
中筋面粉100克　　香葱3棵

心得分享

1. 制作鸡蛋饼的材料很简单，所用时间也少，很适合给孩子当早餐或是作为下午的加餐。

2. 喜欢鸡蛋香味的可加大鸡蛋用量至3颗，同时水量减少50毫升。

3. 调面糊时要尽量把面粉调匀，不要有结块。调好的面糊稠度以能拉出一条粗的直线为宜，太浓稠的话不易摊开成饼；太稀又不易成形，煎起来容易破。

零食 **鲜奶南瓜汤圆**

🌰 材料

- 汤圆材料
  南瓜200克
  糯米粉100克
  白糖30克

- 汤底材料
  鲜奶250毫升
  白糖30克

心得
分享

1. 煮汤圆时，第一次煮开后要加一碗凉水再煮开，这样汤圆的内心才易煮透。汤圆都浮在水面上就表示熟透了。

2. 鲜奶不宜久煮，否则会使营养素流失，所以不能直接用鲜奶煮汤圆，而要先用清水煮。

🍚 做法

将南瓜去皮切成小块，上蒸锅，加盖蒸20分钟至软烂。

用网筛过滤南瓜泥，称出100克，趁热加入白糖拌匀。

再加入100克糯米粉混合均匀。

和成光滑不粘手、柔软如耳垂的面团。

将面团搓成长条，切成均匀的小段，用手搓成圆球状，成南瓜汤圆。

汤圆放开水锅中煮开，加1碗凉水再煮开，待汤圆浮在水面时捞起。

汤锅内倒入鲜奶，加入白糖，小火煮至沸腾。加入煮好的汤圆即可。

131

零食 红薯羊羹

材料

- 去皮红薯180克
  白糖30克
  琼脂4克

心得分享

1. 琼脂是一种植物胶，其凝点和熔点温度之间相差很大，在水中加热至95℃时才开始溶化，溶化后的溶液温度降到40℃时才开始凝固，所以常用来做羊羹、果冻类食品。
2. 红薯用搅拌机搅打之前要加一些水，不然会太干，导致机器无法搅拌。
3. 做好的红薯羊羹倒入乐扣盒前要先在盒子里刷一层油，可起到防粘的作用。

做法

将琼脂与水300毫升放在小锅内，浸泡15分钟，至琼脂胀发变软，将琼脂捞出备用。

红薯去皮，切成薄片，加入清水100毫升放入搅拌机内打成泥状。

泡软的琼脂放回锅内，加清水50毫升熬煮1分钟，放入180克红薯泥，放入糖及90毫升清水。

边开小火加热，边用锅铲搅拌，直至所有材料都溶化并混合均匀。

取一方形乐扣盒子，在内壁刷上薄薄的一层植物油。

将煮好的红薯泥倒入盒子里面，移至冰箱冷藏3小时以上，取出倒扣在案板上，切件即可。

Part 4

2~3岁 宝宝餐

2~3岁宝宝喂养方案

宝宝两岁时，已经进入完全断奶阶段，乳牙也基本长齐。这个阶段的宝宝咀嚼能力得到长足发展，应鼓励宝宝尽快适应成人的食物。大人不需要特别为孩子准备辅食，只是注意在烹饪的时候少加调味料，少盐，少油，不放味精、辣椒、五香粉等刺激性的调味品。以天然、清淡为原则，让宝宝从小习惯吃口味清淡的食物。

宝宝的胃比成年人的要小，不能像大人那样一餐进食很多。但宝宝正在发育期间，所需要的营养却比成年人还多，因此要少食多餐。除米饭、面食等主食外，还应多吃乳类、蛋类、豆类、青菜、肉类等食物。在早、中、晚三餐之间，再补充1~2次点心及水果为佳。

 凉菜 面包水果沙拉

材料

草莓4颗，香蕉1根，生菜1片，苹果1颗，白吐司1片，丘比甜沙拉酱30克

做法

1. 将白吐司放在烤盘上，放入烤箱中层，以180℃烤5分钟至表面微黄色。或用平底锅小火烘烤至上色。
2. 草莓用温开水浸泡5分钟，洗净切成小块。苹果切小块。生菜切小片。香蕉切小块。吐司片切成小方块状。
3. 所有处理好的材料放入碗内，表面挤上丘比沙拉酱即可。

 心得分享

水果沙拉的材料可根据自己喜好来选择，且制作之前一定要用凉开水彻底清洗干净。使用的菜板和菜刀也都要事先用开水烫过以消毒。

 1 2 3

凉菜

鸡丝拌黄瓜

🧄 材料

主料

鸡胸肉80克
红彩椒10克
黄瓜120克

调味料

生抽2小匙
玉米淀粉1小匙
色拉油2小匙
盐1/4小匙
陈醋1小匙
白糖1小匙

🍚 做法

1

将鸡胸肉切成细条状，红彩椒切成细丝。

2

鸡胸肉加生抽、玉米淀粉、色拉油一起拌匀。

3

黄瓜先斜切成薄片。

4

再切成火柴棍粗细的丝。

5

将黄瓜丝加入盐、糖、陈醋拌匀。

6

炒锅烧热，凉油放入鸡丝炒匀。

7

炒至鸡丝变为白色后盛出，放在拌好的黄瓜丝上面即可。

心得分享

鸡肉用玉米淀粉和色拉油腌制，炒制后会比较滑嫩。

韭黄炒滑蛋

🧄 材料

主料	调味料
韭黄150克	盐1/8小匙
大鸡蛋4颗	盐1/2小匙
	鸡精1/4小匙
	玉米淀粉2小匙
	清水1大匙

心得分享

1. 韭黄很容易熟，炒的时间不用过长。加盐后很容易出水，要大火快炒。
2. 炒滑蛋时火不能太大，不然蛋很快就在锅底结皮了，炒不出滑嫩的效果。

🍲 做法

韭黄根部5厘米的位置切去不用，其他部分切成小段。

鸡蛋放入碗内打散，加入盐1/2小匙、鸡精，用筷子打散成蛋液。

玉米淀粉和水在碗内调匀，加入蛋液中搅匀。

锅内放2大匙油烧热，加入韭黄根部用中火翻炒约10秒。

加入韭黄叶及盐，用大火快炒约10秒至变软。

将炉火转为中小火，倒入蛋液。

边炒边用锅铲将锅底已受热的蛋液翻上来。

一直炒到蛋液有八分熟，即可盛盘。

热菜 松仁玉米

材料

主料
甜玉米粒300克
松子30克
绿色彩椒1/5个
红色彩椒1/5个

调味料
黄油15克
白砂糖10克
盐2克

心得分享

1. 这道菜用的玉米粒是从水果玉米上剖下来的，细嫩又香甜。不要用老玉米，甜味不足，而且宝宝咬不烂。
2. 用黄油炒玉米粒可以给菜肴增加奶香味，在炒黄油的时候要用小火炒，不然很容易焦化。

做法

彩椒切成3毫米大小的颗粒。松子去壳去皮。

炒锅内放入松子，开小火将松子焙炒出香味，盛出备用。

炒锅烧热，放入黄油，用小火炒化。

加入彩椒粒，小火炒至断生。

加入甜玉米粒、盐、白砂糖，用中火翻炒约3分钟。

最后加入松子仁，翻炒均匀即可出锅。

热菜 肉末烧豆腐

材料

主料
猪绞肉50克
内酯豆腐200克
生姜1片
大蒜1瓣
香葱1根

调味料
盐1/4小匙
生抽1大匙
玉米淀粉1小匙

 心得分享

1. 豆腐易碎，在煮制时不要常用锅铲翻动。

2. 姜片尽量切大块一些，小孩子不喜欢吃辣的，盛盘前要挑选出来。

3. 豆腐中含有极为丰富的蛋白质，一次食用过多不仅阻碍人体对铁的吸收，而且容易引起蛋白质消化不良，出现腹胀、腹泻等不适症状。

做法

豆腐切成2厘米见方的块，香葱、大蒜切碎，生姜切成粗条。

炒锅烧热，倒入猪绞肉，加入1大匙清水，边煮边用锅铲将肉拨散开。

用锅铲翻至绞肉颜色变白后加入葱、姜、蒜，淋入少许植物油，煸炒出香味。

加入豆腐块，加入高汤（或清水），水量没过豆腐块即可。

加入生抽、盐调味。加锅盖大火煮开，转小火焖煮。

玉米淀粉加1大匙清水调匀成水淀粉。待锅内水分剩少许时倒入水淀粉勾芡。

煮至汤汁浓稠即可。

 热菜 # 虾仁豆腐

材料

主料
鲜虾6只
嫩豆腐1块
香葱1根
生姜1片

腌料
盐1/4小匙
玉米淀粉1小匙

水淀粉
玉米淀粉2小匙
盐1/4小匙

心得分享

1. 虾仁富含蛋白质、维生素和矿物质，所含维生素D可以促进钙的吸收，是很好的补钙食品。
2. 鲜活的虾不易剥壳，可把虾洗净后放冰箱冷冻30分钟，就很容易剥壳了。

做法

1 鲜虾放入冰箱冷冻30分钟后取出。葱姜切碎，用手捏出姜葱汁备用。

2 用牙签从虾的背部将虾线挑出，用剪刀剪去虾头，撕去虾壳。

3 用刀在虾背侧面切一刀。

4 豆腐切成6小块，摆盘中。

5 将虾仁加盐、玉米淀粉拌匀，腌制5分钟。

6 将虾仁摆放在豆腐上方，放入烧开水的蒸锅中，加盖，大火蒸10分钟，取出。

7 玉米淀粉加盐和清水调匀制成水淀粉。将虾仁豆腐中蒸出的汤汁倒入锅内，淋入水淀粉。

8 开小火，一边煮一边用锅铲搅拌，直至汤汁浓稠，淋在豆腐上即可。

热菜

豌豆炒胡萝卜

做法

1 胡萝卜削去表皮，切成小丁。

2 豌豆放入开水锅内氽烫10分钟，至豌豆变软。

3 炒锅内放油烧热，放胡萝卜及豌豆翻炒均匀，加盐炒入味。

4 炒至胡萝卜变软即可。

材料

主料
嫩豌豆200克
胡萝卜200克
调味料
盐1/4小匙

营养知识

豌豆富含赖氨酸，这是其他豆类中所没有的。赖氨酸是一种人体必需的氨基酸，能促进人体发育、增强免疫功能。给宝宝食用含赖氨酸的食物，可刺激胃蛋白酶与胃酸的分泌，提高胃液分泌功效，起到增进食欲、促进生长与发育的作用。

肉碎西蓝花

做法

1. 将西蓝花切成小朵。胡萝卜削皮，切成小粒。

2. 开水锅里放入西蓝花、胡萝卜粒，煮10分钟。

3. 猪绞肉加盐、生抽、玉米淀粉拌匀，腌制10分钟。

4. 煮软的西蓝花及胡萝卜粒捞起沥净水，放入盘内。

5. 起油锅烧热，放入猪绞肉小火翻炒至变色，铺在西蓝花上即可。

材料

主料

猪绞肉100克
西蓝花100克
胡萝卜50克

调味料

盐1克
生抽1大匙
玉米淀粉1小匙
色拉油15毫升

营养知识

西蓝花的蛋白质、碳水化合物、脂肪、矿物质含量都很丰富，尤其维生素C的含量很高，它的平均营养价值及防病作用远远超出其他蔬菜，所以多吃西蓝花可以让宝宝更健康。

珍珠糯米丸

热菜

材料

主料
长糯米50克
猪绞肉150克
马蹄3颗
生姜1小块
葱白1小段

调味料
盐1/2小匙
玉米淀粉2小匙
芝麻香油1大匙

心得分享

1. 做这道菜不要放老抽或酱油，否则会把糯米染成深色。
2. 上班族妈咪可利用假日一次多做些肉丸，蒸好后按每次食用的量分装好，放入冰箱冷冻室中存放，想吃的时候取出来，蒸透即可，很方便。

做法

1

长糯米提前用凉水浸泡4小时以上。

2

生姜磨成泥。葱白切碎。马蹄去皮，切成小碎块。

3

猪绞肉加入盐、玉米淀粉，用筷子快速搅拌至起胶，加入芝麻香油。

4

加入马蹄碎、葱白碎、姜泥，搅拌均匀。

5

用手将绞肉挤成大小均匀的肉丸子。

6

将糯米用沥网沥干水分，平铺在瓷盘上。将肉丸均匀地裹上糯米。

7

将粘好糯米的丸子放在盘中，每个顶上放上一颗枸杞子。

8

放入烧开水的蒸锅中，加盖，大火蒸20分钟后出锅，蘸生抽食用。

热菜 翡翠菜肉卷

圆白菜富含钼元素，钼是人体内多种酶和激素的激活剂，能促进物质代谢，有利于儿童的身体发育。

🫙 材料

主料

猪绞肉150克
胡萝卜10克
圆白菜叶6片
姜蓉少许

调味料

盐1克
芝麻香油1小匙
玉米淀粉1大匙

水淀粉

玉米淀粉2小匙
清水1大匙

🍚 做法

1

切掉圆白菜的根，小心地将菜叶撕出来。胡萝卜洗净，擦成蓉状。

2

猪绞肉中加入盐、玉米淀粉，用筷子顺一个方向搅拌至起胶，再加入胡萝卜蓉及姜蓉搅拌均匀。

3

圆白菜叶放入开水锅内煮至变软。

4

将煮软的菜叶一张张堆叠起来，用菜刀切成8厘米长、5厘米宽的长方形菜叶。

5

将猪绞肉做成长柱形，放在菜叶底部。

6

由下向上卷起。

7

卷好的样子。

8

将做好的菜肉卷放在盘子上，放入烧开水的蒸锅，加盖蒸15分钟。

9

将蒸菜肉卷里的汤汁倒入锅内，分次加入调好的水淀粉。

10

保持小火，一边烧一边用锅铲搅拌，至酱汁烧至浓稠。

11

将菜肉卷在盘子上排放好，淋上烧好的酱汁即可。

 心得分享

1. 要选绿色叶子的圆白菜，这样做出来才会翠绿、美观。
2. 菜叶余烫过后，里面有白色茎的部分要切掉，因为这个部分太硬，不易卷起。
3. 宝宝嘴巴小，所以菜叶不要太大，肉也不要包太多，肉卷要做的小巧一些。

香煎藕饼

🍶 材料

主料

猪绞肉200克
莲藕200克
生姜5克
香葱5克

调味料

盐1/4小匙
生抽1小匙
老抽1/4小匙
黑胡椒粉1/4小匙
鸡蛋清1/3个
玉米淀粉15克

🍚 做法

1

将姜切小片，葱切段。

2

姜片、葱段的小碗中，加入3大匙清水浸泡10分钟，并用手抓捏出汁，制成葱姜水。

3

将绞肉放入大盆内，边搅边加入葱姜水。要慢慢加，让肉把水吃进去再加。

4

加入1/3颗鸡蛋清，用双手不停地从底部铲起拌匀，直至蛋清全部被肉吸收，放置备用。

5

将莲藕竖切成片，再切成细条，最后剁成黄豆大小的颗粒。

6

将莲藕颗粒倒入绞肉中。

7

用双手抓匀，再加入盐、生抽、老抽、黑胡椒粉用双手抓匀，最后加入玉米淀粉。

8

用筷子顺着一个方向搅拌至绞肉起胶，将肉整形成球形，再用双手按扁成饼形备用。

9

锅子烧热，放入凉油，放入肉饼用小火煎制。

10

至肉饼可以用锅铲轻松移动时翻面，继续用小火煎制，至两面都煎至褐黄色即可出锅。

心得分享

1. 香煎藕饼里面最好不要放葱，因为葱叶油煎后容易变黑。所以这里要用香葱水代替，既可以去肉腥味还可以增加香味。
2. 原料要选用三分肥七分瘦的猪绞肉，加入各种调料后要用筷子顺一个方向搅打起胶。我更喜欢用手来搅打，很快就上劲了。
3. 最重要的是，一定要把锅子烧热了，放入凉油，就把肉饼放进去煎，不然的话饼容易粘在锅底上面，一翻面就散了。煎的时候要用小火，大火会煎成外煳内生。

热菜 酱爆牛肉丁

🍲 材料

主料

牛小里脊200克
红黄绿三色彩椒各1/3颗
大蒜2瓣
香葱白1根

调味料

盐1/8小匙
蚝油1小匙
玉米淀粉2小匙
海鲜酱1大匙
白糖1小匙

心得
分享

1. 牛小里脊是牛身上最细嫩的部分，适合给宝宝吃，易于咀嚼和消化。牛肉容易熟，炒的时间不要太长，时间长牛肉就容易老，嚼不烂。

2. 彩椒的营养成分丰富，维生素综合含量居蔬菜之首，含丰富的维生素A、B族维生素、维生素C，还含糖类、纤维素、钙、磷、铁等，尤其在成熟期，果实中的营养成分除维生素C未增加外，其他营养成分均会增加5倍左右，因此熟果甜椒的营养价值更高于青果甜椒。红甜椒中含有丰富的维生素C和β胡萝卜素，且颜色越红含量越多。

🍳 做法

牛小里脊切成1厘米见方的小丁。彩椒切成同样的丁。大蒜切片，香葱白切段。

将牛小里脊放在碗内，加盐、蚝油、玉米淀粉拌匀，放置腌制10分钟。

将海鲜酱放在碗内，加白糖和2小匙热开水，调匀备用。

炒锅烧热，放入1大匙油，凉油放入牛肉粒，快速滑炒至牛肉变色，盛出备用。

炒锅留底油，放入大蒜、葱白炒出香味，倒入调好的酱汁。

将牛肉粒倒入酱汁中，快速拌匀。

加入彩椒粒。

快速翻炒均匀即可。

香芋蒸排骨

 材料

主料

排骨250克
槟榔芋头200克
生姜1小片
香葱2根

调味料

李锦记生抽1大匙
盐1/4小匙
白糖1小匙
玉米淀粉2小匙
芝麻香油2小匙

心得分享

　　这道菜是做给宝宝吃的，味道比较清淡，大人吃的话可以加些香辛料或是酱料、辣椒。

做法

1　将芋头削去表皮。

2　芋头切成1厘米见方的小块。排骨斩成小段。

3　葱、姜切碎，拌入排骨内，加入生抽、盐、白糖、玉米淀粉、香油拌匀。

4　放入切块的芋头拌匀，静置腌制20分钟入味。

5　电压力锅内放清水1碗，放上蒸架，食材放在蒸架上，盖上锅盖，按下"排骨"档，等到程序完成即可。

脆藕炒鸡米

 热菜

材料

主料
新鲜鸡腿2只
鲜莲藕小半节
水发香菇4朵
胡萝卜1小段
黄瓜1/5条

腌鸡料
盐1/8小匙
生抽2小匙
白砂糖1/2小匙
玉米淀粉2小匙
色拉油1/2大匙
姜蓉少许

炒菜调料
生抽2小匙
白砂糖1/2小匙

心得分享

1. 炒肉类时要热锅凉油下肉，才不会粘锅。意思是先把锅烧热了，再放入油，不待油热就放入肉去炒。
2. 莲藕比胡萝卜要慢熟，所以要先下锅炒一会儿。如果喜欢吃脆口的，莲藕炒生一点也行。

做法

1　将新鲜鸡腿去骨，鸡肉连皮剁成小颗粒状，放入碗内，加腌鸡料调匀，放置腌制30分钟。

2　莲藕、胡萝卜、黄瓜、香菇切小块。干香菇用温水浸泡二十分钟至柔软。

3　炒锅烧热，放入色拉油，转小火，放入鸡粒慢慢煎香，不要翻动鸡粒，至鸡粒开始回缩时再由底部铲起，小火煎至鸡粒变得微黄、油脂冒出，盛出。

4　锅内剩下的鸡油烧热，先放入香菇丁炒出香味，再加入莲藕丁翻炒约2分钟，最后加入胡萝卜丁、黄瓜丁，调入生抽、白砂糖大火翻炒几下即可出锅。

蜜汁鸡翅

🧄 材料

主料

鸡翅中6只
生姜2片
大蒜2瓣
香葱2根

调味料

蚝油1大匙
白糖1大匙
生抽1大匙
料酒1大匙

🍲 做法

1. 将生姜去皮切片。香葱切段。大蒜去皮切片。

2. 用利刀在鸡翅的背面划上深刀口。

3. 将鸡翅放在碗内，加入蚝油、白糖、生抽、料酒腌制30分钟。

4. 平底锅烧热，放入鸡翅用小火慢慢煎出油脂。

5. 加生姜、大蒜，将清水倒入腌料碗内调匀，倒入锅内，水量没过鸡翅。

6. 加锅盖焖煮约10分钟。

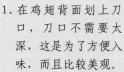

7. 焖至水分收干即可。

心得分享

1. 在鸡翅背面划上刀口，刀口不需要太深，这是为了方便入味，而且比较美观。

2. 腌料中有白糖，煎的时候易烧煳，要控制好火候，不用大火。

152

热菜 # 蘑菇烧鸡腿

🧄 材料

·主料
口蘑100克
鸡腿2只
胡萝卜30克
甜青椒1/4个
大蒜1瓣

腌鸡调料
盐1/4小匙
蚝油2小匙
玉米淀粉2小匙
色拉油1/2大匙

炒菜调料
盐1/8小匙

心得分享

　　口蘑含有人体所必需的8种氨基酸及多种维生素等，属于低脂肪食品。一般品种的口蘑中含矿物质10余种，特别是与人体关系密切的钙、镁、锌、硒、锗的含量仅次于药用菌灵芝，比一般食用菌高出很多。

🍲 做法

1　用剪刀将鸡腿剪开，取出鸡骨，剔去筋膜部分。

2　鸡腿肉、青椒切小块。蘑菇切片。胡萝卜切片，用刻花器刻出花形。

3　鸡腿肉加盐、蚝油、玉米淀粉、色拉油拌匀，腌制10分钟。

4　汤锅内烧开水，放入蘑菇、胡萝卜余烫2分钟，捞起沥净水备用。

5　炒锅烧热，加油，凉油爆香蒜片，加入鸡腿。

6　用中火将鸡腿炒至变色，盛出备用。

7　炒锅再热少许油，放入蘑菇、胡萝卜，加盐翻炒。

8　加入炒好的鸡腿肉，翻炒均匀即可。

材料

主料

龙利鱼肉250克

生姜1小块

香葱1根

调味料

细盐1/4小匙

玉米淀粉7克

芝麻香油30毫升

做法

取一块龙利鱼肉，对半切开。

将生姜切段，香葱切段，放入碗内，加入清水2小匙，浸泡10分钟后用手抓捏一会儿，制成葱姜水备用。

将鱼肉切成小丁状。

 心得分享

1. 龙利鱼也叫牛舌鱼、鳎目鱼，只有中间的脊骨，刺少肉多，几乎没有腥味，鱼肉质细嫩、营养丰富，属于出肉率高、味道鲜美的优质海洋鱼类。

2. 做普通鱼丸通常会加一些肥猪肉以增加滑嫩的口感，做宝宝鱼丸则要加一些芝麻香油代替。

3. 打好的鱼泥比较粘手，可在汤匙上沾点凉水再整形，以避免鱼泥粘在汤匙上。

4. 做好的鱼丸用来煮汤或煮面均可，非常便捷。

将鱼肉丁放入搅拌机内搅成泥状。

将鱼泥放入碗内，加入盐、玉米淀粉，用筷子顺一个方向搅拌至起胶。

分次少量地加入葱姜水，搅拌至鱼泥完全吸收，加入芝麻香油，继续拌匀。

用两只小汤匙挖起鱼泥，整形成球状。

汤锅内放入清水，烧至温热，逐个放入鱼丸。

用小火慢慢煮至鱼丸全部浮上水面，再煮2分钟即可捞出。放凉后装入密封盒或袋中，放入冰箱冷冻保存，随用随取。

热菜

五彩三文鱼松

做法

1. 马蹄、胡萝卜去皮，切小丁。芦笋切小段，西生菜修剪成碗状。

2. 三文鱼肉切成小方块。

3. 将鱼肉加腌鱼料拌匀，腌制15分钟。

4. 锅内热油至180℃，放入鱼肉丁，中火炸约2分钟，捞起沥净油。

5. 锅内热少许油，加入胡萝卜、马蹄、芦笋，调入盐，大火翻炒约1分钟。

6. 加入三文鱼丁翻炒均匀，装在西生菜碗内，撒入玉米脆片即可。

材料

主料
三文鱼肉200克
胡萝卜50克
马蹄80克
芦笋50克
西生菜4张
玉米脆片50克

腌鱼料
柠檬汁1/2小匙
白兰地1小匙
白胡椒粉1/8小匙
盐1/8小匙

炒菜调料
细盐1/4小匙

心得分享

1. 蔬菜类的量不能过多，以免掩盖鱼的味道。表面再挤少许沙拉酱更好吃。

2. 三文鱼过油时间不要太久，鱼肉一变色就可以捞起沥油。

3. 蔬菜类不要炒太久，大火炒约1分钟，以保持蔬菜本身的爽脆和清甜。

4. 玉米脆片要在吃的时候再撒，过早混入会失去酥脆口感。

清蒸太阳鱼

🧄 材料

主料
太阳鱼2条
香葱2根
生姜2片

调味料
盐1/4小匙
生抽2大匙
白糖1小匙
沙拉油1大匙

心得分享

太阳鱼的刺很少，只有主骨上有刺，肉质非常细嫩，尤其是鱼背肉和鱼腹肉，很适合给宝宝吃。

📋 做法

1

将太阳鱼剖肚取出内脏，刮干净鱼鳞。

2

将葱白切段，生姜切丝，葱绿横切成细丝。

3

将切成的葱丝放入碗内浸泡至弯曲。

4

在鱼背上划一刀，用盐、料酒涂抹遍全身。

5

将两条鱼摆放在盘子上，蒸锅烧开水，加盖蒸8分钟即可。

6

将白糖加生抽在碗内调匀，淋在蒸好的鱼身上。

7

鱼身上摆上葱花，用不锈钢汤匙烧一匙油，趁热淋在太阳鱼身上。

热菜 **橙香鱼块**

心得
分享

1. 龙利鱼一般在超市的冷冻海鲜柜可以买到。如果实在买不到，用草鱼切片代替也可以。

2. 鲜橙选用国产的夏橙、江西橙等，要用橙味浓的，做好后吃起来有浓浓的橙香，甜而不腻。

3. 煮橙汁的时候可以小火煮久一点，让橙汁变浓。砂糖一定要加够量，不然会发酸。

🧄 材料

主料

龙利鱼肉1片
鲜橙2个
生蛋黄1个
玉米淀粉30克

腌料

盐1/4小匙
料酒1大匙

调味料

鲜橙1.5个
番茄沙司1/2大匙
白醋2小匙
白砂糖3大匙
植物油1大匙
玉米淀粉1小匙

🍲 做法

提前将龙利鱼取出解冻。

将鱼片从中间分割开。

用利刀斜切，片成约8毫米厚的片。

鱼片加腌料抓匀，腌制10分钟。

放入蛋黄，将鱼片抓至均匀地裹上蛋黄。

放入玉米淀粉，将鱼片均匀地裹上淀粉。

鲜橙用榨汁器榨汁备用。

将鲜橙汁加白糖、白醋、番茄沙司在碗内调匀制成味汁。玉米淀粉加1/2大匙清水调成水淀粉。

锅内倒入1碗油，加热至170℃，放入鱼片用大火炸至表面金黄色，捞起。

重新将锅内的油烧热，放入鱼片，用大火炸约30秒即捞起。

锅内留1大匙油，将味汁倒入锅内，小火煮至白砂糖溶化，加入调好的水淀粉勾芡。

保持小火，边煮边用锅铲搅动，直至酱汁变浓稠。

将煮好的酱汁趁热淋在鱼块上即可。

菠萝咕咾三文鱼

🧄 材料

主料

挪威三文鱼背肉200克
菠萝果肉100克
青红甜椒各1个

酱料

番茄酱3大匙
白砂糖1大匙
清水1大匙
玉米淀粉1小匙

腌料

柠檬汁1小匙
白兰地1小匙
盐1/4小匙

炸鱼材料

植物油250毫升
生蛋黄1个
玉米淀粉3大匙

🍶 做法

将鱼肉切成2厘米见方的块，加腌料拌匀，腌制15分钟。

将菠萝切成小方块，青红甜椒切成小块。

鱼肉先蘸上蛋黄液。

再逐块蘸上干玉米淀粉。

将鱼块放入油温170℃的热油锅内，中火炸至表面微黄色。

捞起沥干油。

将酱料在碗内混合。锅内烧热1小匙油，放入酱料烧至浓稠。

下入菠萝块及青红甜椒块翻炒至断生。

加入炸好的鱼块。

颠锅翻匀，见鱼块均匀裹上酱汁即可出锅。

心得分享

1. 因菠萝要入锅炒制，如果是用生菠萝也无需泡盐水。如果没有生菠萝，可以用菠萝罐头代替。

2. 三文鱼较容易熟，不宜炸得过老，无需炸至表面金黄，只要有些微黄色、表面的淀粉变干硬即可。如炸的时间过长，肉质会变老，口感不佳。

3. 最后入锅裹酱汁时动作要快，不要停留太长时间，否则不酥脆。

汤羹

冰糖银耳炖雪梨

佑佑到了秋冬季，呼吸道就不是很顺畅，有些微咳嗽，院子里的妈妈教我用这种方式给她炖雪梨，喝了一段时间，果然有改善哦。

心得分享

1. 有时我会用电压力锅来炖，这样更节能，而且不用专门照看。用电压力锅炖的时候，锅内胆里放入250毫升水，在内胆内放一个蒸架，放个盘子，再放上雪梨，按下"煮粥"键，约30分钟后，调至"保温"即可。
2. 如果用明火蒸锅务必留心照看，不要让锅里的水烧干了，蒸制期间要往锅里加几次水。

🌶 材料

银耳1/3朵
红枣5颗
枸杞子8颗
雪梨2颗
冰糖30克

🧂 做法

1. 将银耳提前用凉水浸泡至涨发。雪梨、红枣、枸杞子洗净。

2. 将浸泡至软的银耳切成小块状。

3. 在距雪梨顶部1/3处切开。

4. 用汤匙将雪梨内部的果核挖出来，再将果肉掏空。

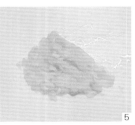

5. 挖出来的梨肉用刀剁细。

6. 将梨肉、红枣、枸杞子、银耳、冰糖放入梨盅内。

7. 放入蒸锅内，中火蒸1小时即可。中间要往锅里加几次水，以防烧干。

汤羹 蘑菇蛋花汤

材料

主料
白蘑菇10颗
猪绞肉50克
鸡蛋1颗
香葱1根

调味料
盐1/2小匙

心得分享

蘑菇的营养价值很高，尤其蛋白质含量非常高，多在30%以上，比一般蔬菜和水果要高出很多。蘑菇富含多种氨基酸，维生素含量也很高，比富含维生素C的番茄、柚子、辣椒等水果、蔬菜还要高2~8倍。

做法

将蘑菇去蒂，切成薄片。香葱切小段。

鸡蛋打散成蛋液。

锅内烧开一锅水，将猪绞肉放在小碗内，取一勺热水倒入猪绞肉碗内，将猪肉搅散。

蘑菇放入锅中，加水，煮至水开。

将泡好的肉末倒入汤锅内，加入盐调味。

加入打好的蛋液。

煮至蛋液凝固即可。

163

汤羹 # 白菜鱼丸汤

🧄 材料

主料
小白菜2颗
自制鱼丸10颗
生姜1片

调味料
盐1/2小匙
芝麻香油1小匙

心得分享

1. 这里用的是自制鱼丸，做法见本书p.155 "宝宝鱼肉丸"。鱼丸是制熟的，所以煮的时候不需要煮太长时间。
2. 小白菜是含维生素和矿物质最丰富的蔬菜之一，有助于增强人体免疫力。小白菜中含有大量胡萝卜素，比豆类、番茄、瓜类都多，并且还有丰富的维生素C。

🍲 做法

1
准备好材料。

2
小白菜洗净，切成小片。

3
汤锅内烧开半锅水，加入姜片、鱼丸煮至水开后，再煮约5分钟。

4
加入切碎的小白菜，煮2分钟，加入盐调味，取出姜片即可。

汤羹 猪肝菠菜汤

材料

主料
猪肝100克
菠菜50克
生姜1片

调味料
盐1/2小匙
白醋1大匙

营养知识

1. 动物肝脏是动物体内负责排毒的器官，在烹制前要用白醋腌制过，以消毒、去腥。
2. 动物的肝脏虽然营养丰富，但也不可以给宝宝多吃，通常一周吃一次肝类食物即可。

做法

1
猪肝洗净，切成2毫米厚的片状。

2
将猪肝放入碗内，加白醋拌匀，腌制10分钟。

3
汤锅内烧开水，放入腌好的猪肝氽烫至变色，捞出备用。

4
汤锅洗净，重新加水，放姜片烧开，加菠菜煮至变软。

5
加入氽烫过的猪肝片，加盐调味，再度烧开即可。

汤羹 **莲藕煲脊骨**

🧄 **材料**

主料
猪脊骨500克
莲藕400克

调味料
盐1/2小匙
鸡精1/4小匙

心得分享

1. 用来煲汤的莲藕最好选用粉莲藕，也就是冬季出产的莲藕，外观偏黑色，不如夏藕多汁，但口感很粉糯。
2. 如莲藕孔内藏有污泥不易洗净，可切段后再用小刷子刷洗。

🍚 **做法**

将猪脊骨洗净，斩成小块。莲藕刮去表皮，洗净，切成段。

锅内注入清水5碗，烧开后放入脊骨汆烫3分钟。

取出脊骨冲洗干净。汤锅洗净，重新注入清水10碗。

加入脊骨和莲藕，加盖，大火煮开后转中小火煮60分钟，至汤量剩5碗时加盐和鸡精调味。

香甜玉米脊骨汤

材料

- 猪脊骨500克
  甜玉米1根
  胡萝卜1根
  马铃薯1颗
  红枣2颗

心得分享

1. 选购玉米时，最好选购新鲜甜玉米，这样煲出来的汤才清甜。
2. 马铃薯容易煮至化开，所以块要切得大一点。
3. 红枣要切开煮才容易煮出味道来。
4. 猪脊骨比较少油，适合给婴儿煮汤。不要用大骨、扇骨等，会很油腻。

做法

猪脊骨斩成小块。玉米洗净，切成小段。马铃薯、胡萝卜刮去皮，洗净，切块。红枣去核。

锅内注入清水5碗，烧开后放入脊骨余烫3分钟。

取出脊骨冲洗干净。汤锅洗净，重新注入清水10碗。

加入所有材料，加盖，大火煮开，转中小火炖煮约60分钟，撇去浮沫，煲至汤量剩5碗时即可。

汤羹 脊骨马铃薯汤

材料

主料

猪脊骨500克
马铃薯200克
胡萝卜150克
蜜枣1颗

调味料

盐1小匙
姜2片

做法

1
将脊骨洗净，剁成小块。其他材料洗净。

2
土豆、胡萝卜均去皮，切成大块。

3
猪脊骨洗净血水，放入冷水锅内煮至水开，捞起冲洗干净。

4
锅洗净，加1200毫升清水，放入猪脊骨、蜜枣、姜片，大火煲开，转中小火，加盖煲30分钟。

5
放入胡萝卜块、土豆块。

6
加盖，中小火煲30~40分钟至汤色泛白。

7
待水量剩下1/3时加盐、鸡精调味即可。

心得分享

1. 土豆和胡萝卜不要过早下锅，要待猪脊骨煲出味来、汤色转白时再放，否则土豆容易煮碎。
2. 胡萝卜富含胡萝卜素，将其与富含蛋白质的猪肉一起炖煮后，能有效帮助提升小宝宝的免疫力。

彩蔬鸡肉羹

材料

主料

南瓜、土豆、胡萝卜各50克
洋葱30克
西蓝花30克
鸡胸肉80克

调味料

玉米淀粉1大匙
盐1/4 小匙

心得分享

西蓝花的根茎比较硬，宝宝不好咀嚼，在煮之前最好切除，只取花朵部分。

做法

1. 南瓜、土豆、胡萝卜、洋葱去皮切块。西蓝花切小朵。鸡胸肉切块。

2. 汤锅里放入半锅水，加入南瓜、土豆、胡萝卜煮15分钟，至土豆变软。

3. 炒锅里烧热少许油，加洋葱碎，小火炒香。

4. 加入鸡胸肉，翻炒至肉色变白。

5. 加清水，水量要没过所有蔬菜块，大火煮开，转小火煮约10分钟。

6. 待锅内的蔬菜煮至软烂，加入西蓝花再煮10分钟。

7. 玉米淀粉加2大匙清水调成水淀粉，分两次加入锅内，边煮边搅拌。

8. 煮至汤变浓稠即可。

福圆鸡汤

🥣 材料

主料
鲜鸡350克
生姜1块
干桂圆20颗

调味料
冰糖适量

心得分享

1. 传统的福圆鸡汤是用整鸡隔水炖制。我把鸡斩成块后用电饭锅炖，做法简单，也不需专门看顾。

2. 隔水炖汤时汤里不要放太多水，炖出来的汤才够浓郁。电锅里也不宜放太多水，以免水量过多，沸腾时进入汤内。如果炖的火候不够，可多加一次水，再按一次煮饭键煮至水干跳闸。

🍲 做法

1

将处理干净的鲜鸡斩成大件。

2

干桂圆去壳。红枣清洗干净。

3

锅内放半锅水，加入姜块、米酒，烧开后放入鸡块余烫去血水，捞出。

4

鸡块、桂圆、红枣放入深锅中，加入2杯水。

5

深锅放入电饭锅内，电饭锅内加2杯水，按下煮饭键，煮至跳键。

6

出锅的汤随个人喜好加少量冰糖即可。

生滚鱼片粥

 材料

主料
草鱼背肉150克
小白菜1棵
生姜2片
白粥1碗

调味料
盐1/4小匙
玉米淀粉1小匙
芝麻香油2小匙

心得分享

1. 在购买草鱼的时候可以请商家帮忙切下草鱼背肉，这块肉刺少。切鱼片时要选用锋利的刀，切出的鱼片比较整齐。

2. 粥滚后温度非常高，放下鱼片很快就烫熟了，不需要煮太久。煮的时间长鱼片会变老，味道变差。

做法

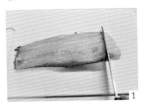
将草鱼背肉平铺在案板上，用利刀切一刀，到鱼皮位置停住，不切断。

再切第二刀，将鱼肉切断，切下来的鱼片呈蝴蝶片状。

按此方法，将鱼肉切成片。

玉米淀粉加清水调成水淀粉，倒入鱼片中，加盐拌匀，腌制上浆。

将生姜切片，青菜切成细丝。

小锅内放入白粥、姜片煮滚，加入鱼片煮至鱼片转白色。

加入青菜、盐，煮至粥再度沸腾即可。

香芋排骨粥

材料

主料

槟榔芋头200克

排骨250克

葱花15克

大米1杯

姜片2片

调味料

盐1/2小匙

做法

排骨斩小件。芋头切成小方块。香葱切碎。大米洗净。

锅内烧开水，放入排骨余烫去血水，捞起洗净。

将大米、姜片、排骨放入电饭锅内，加入适量清水。

按下煮粥键，40~60分钟后键弹起，程序结束。

加入切块的芋头继续煮。

煮至芋头可以轻松地用筷子插入时，加入盐，撒上葱花即可。

糯米菠萝饭

🍲 做法

糯米洗净，用清水浸泡4小时备用。

菠萝从侧面切开一小块。

先用小刀沿着菠萝边沿割一圈，再用汤匙挖出果肉，盖子也要挖空。

取小部分菠萝肉切碎，加入砸碎的冰糖，放入蜜红豆、蔓越莓干、葡萄干。

浸泡好的糯米沥干水分，加入4中处理好的材料和橄榄油拌匀，装入菠萝壳内。

装八分满即可，淋入2小匙菠萝汁，盖上菠萝上盖，放入蒸锅中。

蒸锅内注入凉水1.5升，加锅盖，大火蒸10分钟至水开，再转中小火蒸30分钟。

蒸好的菠萝饭上撒少许干的杏仁碎（或腰果碎）即可。

🧄 材料

- 长糯米1杯　　　冰糖15克
- 葡萄干20克　　橄榄油15毫升
- 蔓越莓干15克　成熟菠萝1个
- 蜜红豆25克　　杏仁碎少许

心得分享

1. 选购菠萝时要选熟透的，外表都变成金黄色的会比较甜。做这道饭不需要将果肉泡盐水，因为还要经过蒸制。如果是直接吃就要用淡盐水浸泡一下。
2. 如果糯米浸泡的时间不够，就要在壳里面加点菠萝汁，这样容易熟。
3. 饭蒸到30分钟的时候，可以打开锅盖，翻动一下糯米看是否已经熟了。

米饭

紫薯红枣饭

做法

1

紫薯去皮，切成5毫米见方的块。红枣去核。

2

大米洗净，放入电饭锅内，加入清水100毫升。

3

加入紫薯块及红枣。

4

按下电饭锅的煮饭键，煮至键弹起，取出煮熟的红枣，去皮捣烂，将枣泥拌入饭内即可。

材料

紫薯100克
去核红枣5颗
大米100克

心得分享

1. 紫薯的纤维比较粗，在煮饭时要多放一些水，才容易将紫薯焖至软烂。
2. 煮好的红枣皮很硬，宝宝吃了不易消化，最好是把皮去掉，只取枣泥拌入饭内。
3. 紫薯营养丰富，尤其是其所含大量的花青素，是天然强效自由基清除剂。

米饭

三文鱼菠菜饭团

🫑 材料

主料
米饭150克
三文鱼30克
菠菜15克

调味料
白醋3克
白糖2克
盐1克

🍚 做法

1

将白醋、白糖、盐在碗内调匀，加入热米饭中拌匀。

2

拌好的米饭用扇子扇凉，盖上保鲜膜备用。

3

三文鱼切成小碎块，加入盐拌匀，腌制10分钟。

4

汤锅内加入清水，煮开后加入菠菜余烫至熟。

5

捞起菠菜，沥干水分，切碎。

6

炒锅内放少许油烧热，放入三文鱼丁炒至变色后捞起。

7

将炒好的三文鱼和菠菜碎加入米饭中，充分搅拌均匀。

8

用保鲜膜包住米饭，团成饭团形状即可。

蜜汁叉烧饭

佑佑从小就是个食肉动物，才一岁多的时候，每次到吃饭时，都要看看桌上有没有肉。每一道菜她都要点名"肉肉""菜菜"，并且见到有"肉肉"才做好准备，让我抱她上餐桌。这道蜜汁叉烧肉就是她的最爱。

🧄 材料

材料	调味料
猪梅肉1000克	砂糖50克
大蒜15瓣	盐1/2小匙
香葱2根	生抽40克
生姜3片	料酒30克
新鲜橙皮1块	老抽1小匙
	海鲜酱30克
	红曲米15克
	南乳汁30克（可免）

🧂 做法

大蒜切碎，生姜切片，香葱切段。

红曲米加1倍量的水，用搅拌机打成泥。

梅肉去皮，切成条块状。

取一大盆，放入大蒜、香葱、生姜、橙皮及所有调味料。

用手将盆中的调味料抓匀，放入梅肉，用手搅拌按压2分钟。

取两个食用塑料袋，将盆内的肉及腌料倒入袋中，移入冰箱冷藏2天2夜，中途翻2次面。

腌好的梅肉大略冲洗掉表面的腌料，放于烤网上。烤箱230℃预热，烤盘垫锡纸。

烤网放于烤箱中层，烤盘放最底层，230℃上下火烤40分钟，取出翻面再烤20分钟左右。

中途每隔20分钟取出，在表面刷一层蜂蜜，继续放回烤箱烤至熟即可。

西蓝花切小朵，胡萝卜用刻花器刻出花形，在开水中余烫至熟。将叉烧肉切片，放在米饭上即可。

> 心得分享

1. 市售的叉烧酱量少价高，自己配酱料虽说有点麻烦，但所费很少。
2. 红曲米可使肉色泽红亮，在菜市香料店可以买到。如不喜欢也可不加，只是烤好的肉没那么红。
3. "梅肉"是指猪前臀尖肉，肉中无筋，肥瘦相间，在超市冷鲜柜可以买到。如果没有，可以用肥瘦相间的猪腿肉，或瘦点的五花肉代替。
4. 如果家里冰箱有0℃冰藏层，可以放在里面腌上5天，更入味。也可把肉尽量切成长的细条，入味比较快。烤制时间要根据肉块大小和烤箱温度加以调整。
5. 如果买不到海鲜酱，可以用蚝油代替，不过要多加糖和蒜头。我每次会烤2斤的肉，吃不完的分包起来放入冷冻室，吃的时候先解冻，再用180℃烤8~10分钟，最后刷点蜂蜜即可。

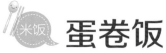 蛋卷饭

🧄 材料

主料
胡萝卜30克
芹菜20克
紫色洋葱20克
米饭1碗
鸡蛋2颗

腌料
盐1/4小匙

水淀粉
玉米淀粉1小匙
清水3小匙

心得分享

1. 煎蛋的时候不要放太多油，油多的话，蛋液一倒下去就会炸起泡了。

2. 卷蛋卷前要用沙拉酱将蛋皮的边沿涂上，这样卷好的蛋卷才不会散开。另外蛋卷不要卷太大，以宝宝刚好一口的量为宜。

🍚 做法

1

芹菜择去叶子，取根茎部分切成小颗粒。洋葱切碎，胡萝卜切碎。

2

鸡蛋在碗内打散，加入少许盐。玉米淀粉加清水调成水淀粉，加入蛋液中调匀。

3

炒锅内加少许油，放入胡萝卜、芹菜碎及洋葱碎炒出香味。

4

加入白米饭，加少许盐调味，炒匀，盛出。

5

用厨房纸巾沾少许植物油，用筷子夹住在平底锅上涂一层薄薄的油。

6

平底锅先不加热，倒入蛋液摊开，小火煎成蛋皮，定型后翻面煎另一面，直至两面煎成金黄色。

7

将蛋皮平摊在案板上，表面铺上米饭，在蛋皮的边沿抹上沙拉酱，将蛋皮卷起。

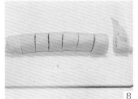
8

用利刀将蛋皮卷切成小段即可。

米饭 寿司卷

1. 搅拌寿司饭时饭勺不可以垂直，否则会造成米饭过度松散。
2. 未用完的寿司醋可放置阴凉处保存，留待下次使用。
3. 加了寿司醋的米饭要用保鲜膜覆盖，这样可以保持湿度和温度，避免饭粒变干而无法捏制成团。
4. 制作寿司的海苔若品质不好，很容易就会被米饭打湿，切件的时候不容易成形，因此一定要选择好质量的海苔。

材料

主料
白米饭200克
白醋6克
白糖3克
盐1克

包馅材料
寿司海苔1张　　鸡蛋1颗
胡萝卜半根　　火腿30克
黄瓜1/4根　　肉松10克

做法

1

白糖、白醋、盐在碗内搅拌至糖溶化，趁热加入米饭中拌匀。

2

将拌匀的米饭盖上保鲜膜，自然晾凉。

3

鸡蛋打散成蛋液。平底锅用厨房纸巾抹一层油，倒入蛋液，用小火煎成蛋皮，翻面，煎至表面金黄色即可。

4

将黄瓜、胡萝卜、火腿、蛋皮切丝。

5

取一张寿司竹帘，铺上寿司海苔，在表面平铺上米饭。

6

将黄瓜条、胡萝卜条、火腿、蛋皮铺在下方，由下而上卷起。

7

卷好的寿司放置定型10分钟，用利刀将寿司均匀切段即可。

米饭 奶香蘑菇饭

🥢 材料

材料

草菇20克
新鲜香菇20克
平菇20克
洋菇20克
小个洋葱1/4个
大蒜2瓣
白米饭1碗

调味料

盐1/4小匙
鲜奶150毫升
色拉油1/2大匙
黑胡椒粉1/8小匙
马苏里拉芝士30克
披萨草少许

🍲 做法

将各类蘑菇洗净，草菇切成4小块，平菇用手撕成小条，香菇和洋菇去蒂切片，洋葱切成小块，大蒜去皮剁成蓉。

炒锅内放入色拉油，冷油加入洋葱和蒜蓉，小火炒出香味。

转中火，先加入草菇、平菇和洋菇炒约1分钟，再加入平菇炒约1分钟。

加入白米饭，注入鲜奶，鲜奶的量以没过米饭和蘑菇为准。

用锅铲将鲜奶和米饭拌匀后，加入盐、黑胡椒粉、披萨草。

用小火煮8分钟左右，至米饭的水分基本收干。注意不要太干，太干口感不好。

将煮好的蘑菇饭放入烤碗内。

表面均匀地铺上马苏里拉芝士条。

烤箱220℃预热，烤碗放入烤箱中层烤网上烤5分钟，至芝士表面有些微黄色即可。

心得分享

1. 刚煮好的牛奶蘑菇饭已经很好吃了，加了芝士会更香。有条件的话，在饭里面放一些撕碎的三明治芝士，味道就更好了。
2. 用微波炉做的效果和烤箱差不了很多，只是芝士不会烤上色而已，味道都是一样的。
3. 各类蘑菇的口感不一样，草菇和洋菇比较爽口，鲜香菇比较香，请尽量把种类配齐。
4. 马苏里拉芝士（Mozzarella Cheese）：一种淡味奶酪，用水牛乳制成，色泽淡黄，是制作披萨的重要原料之一。制作时要先刨成细丝状，经高温烘烤即会化开，并产生拉丝效果。

四喜饺子

1. 烫面团是将中筋面粉用70~100℃的热水和成的面团。水温越高、水量越多，面团就越软。烫面时可根据要做的面食所需软硬度，酌量掺入凉水来保持筋度。另外，烫面时一定要让面粉充分被开水烫到，倒水的时候要一边倒一边用筷子搅动。

2. 给肉馅加姜葱水时不要加得太多，因这款饺子制作比较费时，若打入太多水，水会软化饺子皮，使之塌陷。

🍳 材料

主料

中筋面粉200克

热开水102~310克

猪绞肉250克

生姜2片

香葱2根

芹菜2根

内馅材料

鸡蛋1颗

豆角50克

水发木耳6朵

胡萝卜1根

调味料

盐1/4小匙

玉米淀粉2小匙

生抽2小匙

白砂糖1小匙

芝麻香油1大匙

🍲 做法

生姜和香葱先用清水浸泡，抓捏成葱姜水。一边用筷子顺一个方向搅动绞肉，一边慢慢加入葱姜水。250克肉加入25克的葱姜水。

绞肉中加入生抽、盐、料酒、芹菜碎、白糖、香油、玉米淀粉，顺时针方向搅至肉馅起胶。

中筋面粉放入盆内，倒入热开水用筷子迅速搅拌，至面粉成雪花状。

待面团略凉后，用手和成团，盖上保鲜膜松弛15分钟。

鸡蛋加少许盐打匀。平底锅烧热，用纸巾涂少许油，倒入鸡蛋煎成蛋皮。

豆角、水发木耳、胡萝卜、蛋皮分别切成碎。

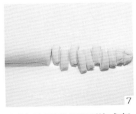
将松弛好的面团搓成长条状，切成小剂子。

案板上撒干面粉，将面团擀成圆饼状。

包入肉馅，注意不要放太多。

将饺子皮向中间捏紧。

再对角捏紧。

用手将对角处撑开，并捏紧连接处。

将包好的蒸饺放在蒸架上，再用小匙分别填入豆角、木耳、胡萝卜、蛋皮。

锅内烧开水，放上蒸架，加盖大火蒸10分钟即可。

凉拌五色荞面

🥗 材料

主料
荞麦面条100克
绿豆芽20克
黄瓜30克
胡萝卜30克
水发黑木耳10克
蛋皮1张

调味料
盐1/8小匙
生抽、陈醋各1小匙
白糖1/2小匙

🍲 做法

取鸡蛋一颗在碗内打散成蛋液，在平底锅上煎成一张蛋皮。黑木耳提前用凉水浸泡20分钟。

绿豆芽切去根茎，黄瓜、胡萝卜、蛋皮分别切丝。

将陈醋、白糖、生抽、盐放在碗内调匀制成浇汁备用。

锅内烧开水，放入荞麦面条，大火煮开。

加入一碗凉水，再继续煮，至用筷子可以轻松地夹断面条。

将黑木耳和绿豆芽放在面汤里氽烫至软，捞出，将黑木耳切丝。

捞起面条装碗，加绿豆芽、黄瓜丝、胡萝卜丝、木耳丝、蛋皮丝，淋上浇汁拌匀即可。

面食 丝瓜银鱼面条

做法

1　用小刀将丝瓜表面的绿皮刮干净。

2　丝瓜切成薄片，蛋液打散。银鱼用清水浸泡20分钟，再洗干净。

3　小锅里煮开一锅水，放入面条煮至软烂，捞起备用。

4　汤锅里煮开半锅水，放丝瓜片煮至软，加入盐调味。

5　加入银鱼，淋入蛋液，煮至蛋液凝固，加入煮好的面条即可。

材料

- 银鱼20克
  丝瓜100克
  鸡蛋1颗

营养知识

　　银鱼是一种高钙、高蛋白、低脂肪的鱼类，基本没有大鱼刺，适宜小孩子食用。另外，银鱼不需去鳍、骨，属"整体性食物"，营养完全，有利于宝宝增进免疫功能。

番茄肉酱蝴蝶面

🥄 材料

主料

猪绞肉200克
自制番茄酱150克
白洋葱100克
大蒜2瓣
蝴蝶意大利面200克

调味料

盐1/4小匙
白糖2小匙
植物油1大匙

🍲 做法

1 将白洋葱切成碎粒。大蒜去皮切碎。

2 平底锅放少许油，凉油放入大蒜碎炒出香味。

3 加入洋葱碎小火炒出香味，直至洋葱的色泽变为微焦黄色。

4 加入猪绞肉，用小火炒，一边炒一边用锅铲将肉铲至松散。

5 加入番茄酱、白糖、盐调味。

6 小火炒出香味。

7 加入清水，水量高过肉酱2厘米的位置。

8 大火烧开后转小火慢煮，煮至酱汁浓稠即可关火。

9 汤锅里烧开一大锅水，放入蝴蝶面，盖上锅盖大火煮开，转小火煮20分钟。

10 煮至用筷子可以轻松戳穿面片。

11 将面条捞入碗内，表面淋上番茄肉酱即可。

心得分享

1. 自制番茄酱的制作方法见本书p.208。在煮肉酱的时候番茄酱一定要多放一些，直至酱的色泽变红为止，再加些白糖中和其酸味。

2. 若一次吃不完，可以将剩下的酱汁装入保鲜盒，放冰箱冷冻保存。

3. 地道的意大利面都很有咬劲，也就是煮得半生不熟，咬起来感觉有点硬的状态，对于习惯了中式面条的中国人而言，会觉得像是没有煮熟一样。所以煮给宝宝的蝴蝶面一定要煮较长时间，不然宝宝咬不动，而且不易消化。

 **面食 猫耳朵**

做法

将盐放入清水中溶化，缓缓加入面粉中。

一边加一边用筷子搅拌，至面粉成雪花状。

用手揉成光滑的面团，盖上保鲜膜静置20分钟。

将面团搓成直径3毫米的长条，切成小剂子。

案板上撒上少许干面粉，放上小剂子滚匀面粉，用大拇指按住面团推一下，做成猫耳朵状。

将青菜、番茄、鸡蛋皮切成小碎块。

锅内放入500毫升清水煮开，加入猫耳朵煮约3分钟，加入番茄块煮至熟软。

加入青菜、蛋皮再煮2分钟，加盐调味即可。

材料

面皮材料
中筋面粉150克
盐1克
清水70克

蔬菜材料
青菜1根
番茄1/2颗
蛋皮1张
盐1/2小匙

 心得分享

1. 制作猫耳朵所需要的面团要硬一点，所以和面的水要少，不然做好的猫耳朵不易成形。
2. 煮猫耳朵时间可以略长一点，猫耳朵口感比较硬，比较扎实，煮软后宝宝才易咀嚼。

面食 腊肠卷

材料

中筋面粉150克　　　白糖10克
清水75克　　　　　腊肠6根
干酵母粉1.5克

心得分享

1. 面团在缠绕腊肠之后，要将尾端夹入面团里面，不然在发酵过程中尾端会散开来。
2. 包入腊肠的时候，要尽量把腊肠的头尾各留出一小段，因为在蒸制过程中面团会发大，如果腊肠包得太短的话，就会被面团遮住。

做法

将清水和干酵母粉在碗内搅拌至酵母溶化。

将溶化的酵母水分次少量地加入面粉中，用筷子搅拌成雪花状。

用手和成光滑的面团，放入内壁涂一层油的盆中，盖上保鲜膜，放温暖处静置发酵1~2小时。

直至面团发酵至两倍大小，用手指按下面团，指坑不会马上回缩。

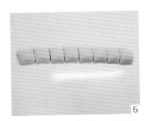

将面团搓成长条，用刀切成小段。

将每小段搓成长条，围绕腊肠卷起来，尾端收入面团里面。

腊肠卷垫油纸，静置发酵15分钟，凉水上蒸锅，加盖，中火蒸20分钟。

蒸好后的腊肠卷不要马上开盖，等待5分钟后再打开锅盖。

🍶 材料

主料
玉米面50克
中筋面粉155克
酵母粉1小匙
白糖30克
温水190克
葡萄干15克

工具
6吋活底蛋糕圆模1个

🍲 做法

1. 将玉米面和中筋面粉在盆内混合均匀。

2. 酵母粉、白糖加190毫升40℃的温水,在盆内混合溶化。

3. 用筷子将玉米面和中筋面粉在盆内混合均匀。

4. 倒入化开的酵母水。

5. 用筷子搅拌均匀成面糊。

6. 用刷子在蛋糕圆模上刷上一层薄薄的油。

7. 将面糊倒入蛋糕模内。

8. 放在温暖的地方等待发酵1小时。

9. 待面糊膨胀到2倍高时,在表面撒上葡萄干。

10. 蒸锅内注满水,放上蛋糕模,冷水上锅,加盖蒸25分钟。

11. 蒸好的发糕。

1. 冬季需要用温水发开酵母粉和糖,夏季只需要用凉水即可。发酵的时间冬天长达3~5小时,夏天只要发1小时左右。
2. 蒸发糕的时间是以发糕的厚度来衡量的,如果发糕糊厚的话要蒸30分钟左右,如果薄的话蒸20~25分钟即可。

材料

红糖80克
粘米粉65克
低筋面粉65克
泡打粉6克

模具
70毫米宽、35毫米高蛋糕模6个

心得
分享

　　低筋面粉、粘米粉和泡打粉
一定要混合均匀，否则可能会发
酵不均匀。

做法

红糖加温水130毫升混合
搅拌至溶化。

低筋面粉、粘米粉、泡打
粉混合均匀，倒入放凉
的红糖水。

 混合成均匀的面糊。

烘焙纸杯放入蛋糕铝模
当中，倒入发糕面糊，
九分满。

蒸锅里倒入清水，将蛋
糕模放在蒸架上。

凉水上锅，大火蒸15分
钟即可。

零食 **水果三明治**

做法

1
将奇异果、芒果去皮，分别切成小颗粒。草莓洗净，切成小块。

2
动物鲜奶油提前放冰箱冷藏12小时，取出倒入碗内，加细砂糖15克。

3
使用电动打蛋器将动物鲜奶油打至发泡，呈云朵般的细腻膨松状。

4
取一片吐司，抹上动物鲜奶油。

5
平铺上各种水果。

6
盖上另一片吐司片。

7
再在上面抹上一层动物鲜奶油。

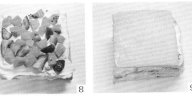
8
同样平铺上水果。

9
盖上一片吐司片，用面包齿刀将边缘切整齐即可。

材料

- 奇异果1颗
  草莓10颗
  芒果1颗
  安佳动物鲜奶油120克
  细白砂糖15克
  吐司3片

心得分享

　　动物鲜奶油在打发之前，要放入冰箱先冷藏12小时以上。如果是夏季制作，还要在鲜奶油盆底下垫上一盆冰水，否则不易打发。

 零食　## 彩蔬吐司塔

材料

- 白吐司面包5片
- 西蓝花2小朵
- 胡萝卜20克
- 三文鱼丁30克
- 马苏里拉芝士碎30克
- 盐1/2小匙
- 植物油少许

工具
蛋挞模5个

心得分享

1. 蛋挞模上要涂上一层油，在烤吐司片的时候才不会粘。整好形以后要先烤一下定形。
2. 三文鱼易熟，不需要炒制太长时间，炒制时间长了口感会变涩。

做法

1 将吐司面包片的四边切掉。

2 蛋挞模刷一层色拉油防粘，将吐司片平铺在蛋挞模上，定好形。

3 胡萝卜切碎。西蓝花切小朵。

4 汤锅里加水烧开，放入盐和植物油，加入胡萝卜和西蓝花氽烫至熟。

5 三文鱼切成小丁，加盐腌制10分钟，下热油锅炒熟备用。

6 将氽烫过的胡萝卜和西蓝花沥净水备用。

7 将吐司塔放于烤盘中，放入烤箱中层，180℃烤3分钟定型。

8 将胡萝卜、西蓝花丁、三文鱼丁放在吐司塔内，上面铺马苏里拉芝士，入烤箱中层，180℃烤5分钟即可。

笑脸土豆饼

 材料

- 土豆400克
  面粉100克
  盐4克
  番茄酱适量

心得分享

1. 土豆切成薄片可以缩短蒸熟所需时间，要蒸到用筷子可以轻松插透。
2. 盛土豆泥的袋子一定要够厚实，如果不够厚就要用两个袋子套起来。
3. 土豆泥比较粘手，所以在擀制和制作笑脸时都要多撒些干面粉防粘。
4. 刚开始炸笑脸土豆片时油温要低一些，否则会把土豆片炸焦。

做法

将土豆去皮，切成薄片，入蒸锅蒸至熟透。

土豆片冷却后放入保鲜袋中，用擀面棍擀成泥。

称出300克土豆泥放入盆内，加入面粉、盐。

用手将土豆泥和面粉混合均匀，和成团。

案板上撒上干面粉，将土豆泥擀成4毫米厚的片状。

用圆形切割器按取圆形片，用筷子在上面戳出两只眼睛。

用汤匙刻出嘴巴的形状。

平底锅内倒油烧至四成热，放入土豆片用小火炸至两面金黄，取出沥净油，装盘。食用时蘸番茄酱。

🫙 材料

主料

土豆300克
猪绞肉75克
洋葱30克
鸡蛋1颗
面包屑50克
面粉30克

调味料

盐1/2小匙
白胡椒粉1/4小匙

心得
分享

　　炸制的火候不要太大，时间也不要过久，因为土豆饼里面的馅都是熟的，炸制的目的是让它定型，只要炸至表面的面包屑变色即可。炸的时候注意火候，要勤翻动。

🍲 做法

1. 白洋葱切成碎末。猪肉剁碎。鸡蛋打散成蛋液。

2. 土豆去皮，入蒸锅蒸熟。

3. 蒸好的土豆放入食品袋中，用擀面棍擀压成泥。

4. 取3个盘子，分别放入打散的蛋液、面包屑、面粉备用。

5. 平底锅热少许油，放入洋葱末小火炒出香味。

6. 加入猪肉末，小火煸炒至猪肉变色、油脂溢出。

7. 土豆泥中加入洋葱碎及猪肉碎，用手抓匀。

8. 将拌好的土豆泥等分成7份，整形成8毫米厚的饼状，表面粘上面粉。

9. 再蘸上鸡蛋液。

10. 最后蘸上面包屑。

11. 取一个小锅，里面倒入油300毫升，烧至七成热，放入土豆饼用中火炸制。

12. 炸约1分钟后用筷子将土豆饼翻身，继续炸制。

13. 再炸约1分钟后捞起，放在滤网上沥净油即可。

零食 黄金果子

材料

南瓜泥100克　　红豆沙150克
糯米粉100克　　葡萄干5颗
白糖30克

心得
分享

1. 煮一块熟面团放入生面团内，可以增加面团的黏性，使面团不易开裂。
2. 放南瓜饼的盘子上要刷上薄薄的油防粘，不然南瓜会粘在盘子上造成破皮现象。

做法

1 将南瓜去皮、瓤，切成小块。

2 将南瓜块放入盘中，上蒸锅，加盖蒸20分钟至软烂。

3 用网筛过滤南瓜泥。

4 过滤好的南瓜泥趁热加入白糖拌匀，搅至白糖溶化。

5 将南瓜泥和100克糯米粉混合均匀。

6 和成光滑不粘手，柔软如耳垂的面团。

7 取1小块面团，放入沸水锅内煮约5分钟。

8 取出熟面团放入生面团内，用手揉匀。

9 将面团搓成长条状。

10 将面团切成小剂子。

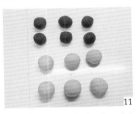

11 将面剂子搓成小球，红豆沙同样搓成小球。

12 将南瓜面团按扁成5毫米厚的圆饼，放上豆沙球。

13 用手将面团向上收拢，包住红豆沙。

14 翻面，按扁成2厘米厚的圆饼状。

15 用不锈钢汤匙的匙柄按压出纹路。

16 葡萄干对半切开，按在面团顶部做成南瓜柄，放入刷油的盘中，再放入烧开水的蒸锅中加盖蒸10分钟即可。

🍳 材料

新鲜甜玉米 250克

糯米粉 35克

玉米淀粉 70克

清水约50克

糖粉适量

植物油250克

心得分享

1. 如果没有新鲜甜玉米，可用罐头甜玉米代替。

2. 玉米粒中加些糯米粉，不但定型效果好，而且煎出来口感更酥。

3. 在煎玉米烙前要把油烧热了备用，如果直接淋凉油的话，会把玉米粒冲散。另外油的分量不可少，油量一定要没过整块饼。

4. 煎好的玉米烙最后开大火炸一下，可以把油逼出来，吃起来才不会油腻。

5. 煎好的玉米烙表面撒上糖粉，也可将白砂糖溶化成糖浆淋在玉米烙上，那样就更美味了。

🍲 做法

新鲜甜玉米取玉米粒，准备玉米粉、糯米粉和糖粉。

将糯米粉、玉米淀粉和玉米粒混合，加入少许清水，混合至玉米粒表面可以挂住面糊。

平底锅内放入油烧至八成热，将油倒出备用。

将混好的玉米粒平铺在锅子内，用手在表面洒一些水，让玉米粒粘连在一起。

用小火将锅内的玉米粒煎至定型，晃动锅子时玉米烙是整块移动的。

这时再将事先烧过的油慢慢沿着锅边淋入。

接下来把所有的油都倒入，油量要没过整块玉米烙。

保持用中小火炸至表面的粉类由白色转为黄色，开大火再炸一下。

将玉米烙连同油一起倒入漏勺中，沥净油后切件装盘，撒上少许糖粉即可。

零食 香酥蛋卷

材料

鸡蛋2颗
低筋面粉55克
黄油50克
细砂糖45克
黑芝麻10克

做法

1

2

3

鸡蛋磕入碗内，加入砂糖，用手动打蛋器搅拌均匀，至砂糖溶化。

黄油放入小碗内，隔热水加热至融化成液态。

将黄油倒入蛋液中，搅拌均匀。

4

5

6

7

加入低筋面粉搅拌均匀。

用手动打蛋器搅拌至无明显颗粒的糊状。

加入黑芝麻拌匀。

不粘平底锅先不要烧热，舀1大匙蛋糊放入锅内。

8

9

10

11

晃动锅子，将锅子里的蛋糊平摊开来。

用小火加热，待见到蛋皮边缘有些微黄色时，小心地用手掀起蛋皮，翻面。

同样将蛋皮的另一面用小火煎至有些微黄色。

趁热用筷子将蛋皮卷起，卷好后静置定型2分钟即可。

心得分享

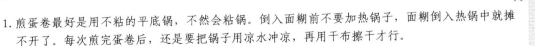

1. 煎蛋卷最好是用不粘的平底锅，不然会粘锅。倒入面糊前不要加热锅子，面糊倒入热锅中就摊不开了。每次煎完蛋卷后，还是要把锅子用凉水冲凉，再用干布擦干才行。
2. 如果煎蛋卷的时间不够，或是蛋卷太厚的话，做出来的成品就不够脆。
3. 卷蛋卷的时候动作要快，时间长了蛋卷就会变脆，就卷不起来了。

零食 **鸡腿蘑菇披萨**

🧄 材料

饼皮材料
A
高筋面粉150克
清水80克
细砂糖2小匙
盐1/4小匙
耐高糖酵母粉1/2小匙

B
黄油15克
番茄肉酱
做法参见本书p.187
材料
猪绞肉200克
白洋葱100克

大蒜2瓣
蝴蝶意大利面200克
调味料
自制番茄酱150克
盐1/4小匙
白糖2小匙
植物油1大匙

馅料材料
鸡腿1只
蘑菇4颗
青红黄彩椒各15克
盐1/8小匙
白糖2小匙
马苏里拉芝士150克

做法

1. 将鸡腿去骨，鸡肉切小块。蘑菇切片，青红黄椒切成小块。

2. 将去骨鸡腿肉加少许盐腌制10分钟。

3. 炒锅烧热，放少许油，放入鸡块小火炒至变白色，盛出备用。

4. 炒锅烧热，放入蘑菇、青红黄彩椒块，加少许盐，翻炒约1分秒，盛出备用。

5. 马苏里拉芝士取出略解冻，用刀切成长条状备用。

6. 将饼皮材料A混合和成面团后，加入黄油，在案板上反复搓揉成表面光滑的面团。

7. 盖上保鲜膜，发酵至面团膨胀为原来的2倍大，面团内部充满气孔。

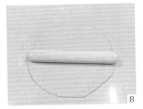

8. 工作台上撒面粉，将面团擀成比披萨盘略小的圆饼状。

9. 披萨盘上涂一层薄薄的黄油。

10. 将擀好的面皮放入盘内，用手按压面皮，至与盘子等大，边沿挤出一圈圆边。用餐叉在饼皮上刺出排气洞，盖上保鲜膜再度发酵10~20分钟。

11. 在饼皮中间放上做好的披萨酱，撒上2/3的马苏里拉芝士，在饼皮边沿刷上一层蛋液。

12. 放上预先炒好的鸡腿肉、蘑菇片、彩椒块。

13. 烤箱240℃预热，上下火，披萨盘放于中层220℃烤15分钟。

14. 取出撒上剩余马苏里拉芝士，重新入炉烤3~5分钟，待芝士烤化即可。

心得分享

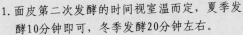
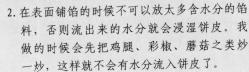

1. 面皮第二次发酵的时间视室温而定，夏季发酵10分钟即可，冬季发酵20分钟左右。
2. 在表面铺馅的时候不可以放太多含水分的馅料，否则流出来的水分就会浸湿饼皮。我做的时候会先把鸡腿、彩椒、蘑菇之类炒一炒，这样就不会有水分流入饼皮了。

零食

自制鱼松

材料

主料
草鱼200克
香葱2根
生姜2片

调味料
生抽1小匙
白糖1小匙

做法

1

2

3

4

将草鱼去鳞、内脏，取鱼背肉。

用小刀将鱼肉腹部内的黑色膜剖干净。

将香葱段及生姜片摆放在鱼块上，放入烧开水的蒸锅中，蒸10分钟。

蒸好的鱼块取出，用筷子撕去鱼皮，剔除鱼刺。

5

6

7

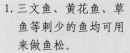
心得分享

平底锅内放少许油，放入鱼肉，用小火焙炒。

加入生抽及白糖。

不时翻动锅子，将鱼肉翻炒成金黄色的碎末，至水分完全炒干即可。

1. 三文鱼、黄花鱼、草鱼等刺少的鱼均可用来做鱼松。
2. 蒸好鱼后要把鱼刺剔除干净。鱼肉要用手仔细捏一捏，检查是否还有鱼刺残留。

自制肉松

📋 做法

将猪腿肉切成麻将大小的块，放入不锈钢碗内，加入所有调料。

电压力锅内倒入250毫升清水，放入不锈钢碗，调至"排骨"档。

待电压力锅自动跳闸后揭开锅盖，拣去葱、姜及其他香料，倒入炒锅中。

小火煮至汤汁几乎收干，将肉块放凉。

用平的饭铲将肉块压碎成肉丝状。

用两支西餐叉将粗的肉丝刮成细肉丝。

将肉丝放入平底锅内，小火慢炒，至变得有些干时取出，再用西餐叉刮丝，再用小火炒干。

最后用两手将肉丝来回揉搓，使肉丝更膨松，即成肉松。放凉后装入保鲜盒保存即可。

🧄 材料

主料

猪腿肉260克

调味料

生抽2大匙

蚝油1大匙

米酒1大匙

桂皮1小块

白糖1又1/3大匙

香葱2根

生姜1片

大蒜4瓣

八角1颗

自制番茄酱

市售的番茄酱通常含有防腐剂等多种添加剂，对宝宝的健康很不利。妈妈们要学会自己制作番茄酱，做拌饭或是拌面都很方便。

心得分享

1. 番茄要选全熟的，不要给宝宝吃未完全成熟的番茄。
2. 煮番茄酱时要不时用锅铲搅拌锅底，否则容易出现煳锅的现象。
3. 取一些带盖的玻璃瓶，煮沸消毒，注入煮好的番茄酱，再次放入蒸锅中隔水煮沸消毒，关火后立刻盖紧瓶盖，自然冷却后将小瓶放入冰箱冷藏。可保存一周左右。

做法

1. 用利刀将每个番茄顶部划上十字刀花。

2. 取小锅加水烧开，放入番茄煮约1分钟，至番茄表皮些微起皱。

3. 捞起番茄撕去表皮。

4. 将番茄切成块状。

5. 番茄块放入果汁机内，加入清水200毫升，打成泥状。

6. 将打好的番茄泥倒入不锈钢锅内，加入冰糖块，中火煮开后，转小火熬制。

7. 煮至汤汁浓稠时挤入半颗柠檬汁，边用小火煮边搅拌，直至煮至酱汁可挂在锅铲上即可。

材料

番茄350克
冰糖50克
柠檬半颗

 虾皮粉

🍲 做法

1	2	3	4
将虾皮用清水浸泡30分钟，用网筛过滤反复清洗几次。	平底锅烧热，放入虾皮，小火慢慢炒干水分。	将虾皮放入搅拌机内。	搅打成粉末状，装入瓶子中密封，放入冰箱冷藏保存。

　　虾皮的营养价值很高，矿物质数量、种类丰富，除了含有陆生、淡水生物缺少的碘外，铁、钙、磷的含量也很丰富，有"钙库"之美称。自制虾皮粉是给宝宝补钙的佳品，购买虾皮时要尽量买新鲜的，即表面呈粉红色，闻起来腥味不重的虾皮。

🥕 材料

┈► 虾皮250克

 心得分享

1. 虾皮含盐，所以要反复冲洗几次，以去除盐分。
2. 烘干虾皮的时候要不时翻动以均匀受热，避免粘锅，并保证水分完全蒸发，延长虾皮粉的保质期。
3. 给宝宝做饭菜或煮汤的时候放点虾皮粉，可代替味精起到提鲜的作用。

铜锣烧

材料

- 低筋面粉100克
  全蛋100克
  牛奶40克
  细砂糖40克
  蜂蜜10克
  盐1/4小匙1克
  泡打粉2克
  红豆沙馅适量

心得分享

　　在倒面糊之前不要烧热锅子，如果锅子太热，面糊摊下去很快就煳了。所以每做一个之前都要用凉水给锅子降温。在整个过程中都要用小火，不然铜锣烧很容易煳掉。

做法

鸡蛋加砂糖、蜂蜜、盐在盆内打散。

加入鲜奶搅拌。

低筋面粉和泡打粉混合，用网筛过筛。

将面粉加入蛋液中，用打蛋器混合。

平底锅先不加热，舀入1汤匙面糊，摊成圆饼形。

开小火加热，至圆饼冒出小气泡、边缘凝固时，将圆饼翻面。

再煎1分钟即可取出。煎第二个饼前要先把锅子用凉水冲凉。

取两张煎好的圆饼，中间夹入红豆沙馅即可。

Part 5

宝宝 食疗餐点

宝宝生病护理及饮食调理

宝宝生病早发现 ▶

宝宝生病时，或多或少都会有一些前兆症状，比如食欲减小，比如睡眠过多或过少，比如情绪变化较大等。爸爸妈妈细心观察，用心留意，就能够在宝宝患病的最初阶段发现，从而及时为宝宝治疗。

家常的食材中就有很多"宝贝"，含有宝宝生长发育所必需的各种营养素，我们完全可以依照科学的饮食调理方法，从这些食物中获取宝宝成长和增强免疫力所需要的养分，帮助宝宝健康成长。

宝宝生病后的饮食调理原则 ▶

宝宝生病后，脾胃的消化功能受到影响，消化系统功能降低，唾液、胃液、肠液等消化液分泌减少，胃肠蠕动减慢，影响了消化吸收功能，如果这时候过分地食用一些油腻食物，不但不会吸收，还会影响吸收功能。所以，宝宝病后要科学合理地安排饮食，补充充足的水分、大量维生素和无机盐，供给适量的热量和蛋白质，并多以流质和半流质饮食为主。

宝宝生病后饮食调理总的原则应该是富于营养，容易消化，从少到多，从淡到浓。本部分针对宝宝常见的各种病症，制定了比较科学合理的健康美食，希望对宝宝生病的预防和治疗起到积极的辅助作用。

小儿感冒

小儿感冒常见症状 ▶

感冒是小儿最常见的多发病之一，是由病毒或细菌等引起的鼻、鼻咽、咽部的急性炎症。小儿感冒以发热、咳嗽、流涕为主症，突出症状是发烧，且常为高烧，严重的甚至出现抽风。3个月内的宝宝一旦出现感冒症状，要立即带他去看医生。

如何护理感冒的宝宝？ ▶

1.多让宝宝喝水或富含维生素C的鲜橙汁，以避免呼吸道干燥。充足的水分能使鼻腔的分泌物变得稀薄，容易清洁。在感冒初期可以用板蓝根中药冲剂给宝宝喝，具体请咨询医生。

2.帮宝宝擤鼻涕：宝宝不会自己擤鼻涕的话，让宝宝顺畅呼吸的办法就是帮宝宝擤鼻涕。可以用吸鼻器或医用棉球，捻成小棒状，沾出鼻子里的鼻涕。

3.让宝宝睡得更舒服：如果宝宝鼻子堵了，你可以在孩子的褥子底下垫上一两块毛巾，把头部稍稍抬高能缓解鼻塞。家里最好用加湿器增加室内湿度，能帮助宝宝更顺畅地呼吸。

4.食物治疗法：感冒期的宝宝要吃些清淡易消化的食物，如清粥、面条，鱼、虾、肉尽量少吃，等病情稳定了，好转了，再慢慢补充营养。具体如下：

①用葱白、生姜、菊花等煮水喝。多饮水能防伤津。②饮食宜清淡、易消化，宜吃流质或半流质食物。③可服用红枣粥、黄芪蒸瘦肉等益气补脾的药膳。④选用优质蛋白质食物。⑤少食多餐，每日 6～7 次为宜。⑥忌食石榴、乌梅、杨梅等酸涩食品。⑦忌食辛燥、油腻之品。

清热 芹菜粥

材料

白米、芹菜各100克

做法

1. 芹菜洗净，切小块。
2. 白米淘洗干净，放入锅中，加水煮粥。
3. 待粥将熟时加入芹菜煮烂即可。

用法

每日1剂，分早晚2次食用即可。

功效

清内热，利大肠，主治风热感冒，症见发热、烦渴、大小便不利等。

解表 红薯姜糖水

材料

红薯300克　　　　红枣5颗
生姜20克　　　　　冰糖20克

做法

1. 红薯削去表皮，生姜削去表皮。
2. 红薯切成1.5厘米大小的块。生姜切薄片。
3. 将红薯、红枣、生姜、冰糖放入电压力锅内胆中，加入清水，水量高过材料2厘米。
4. 按下"煮汤"键，约半小时后即可食用。

功效

抗寒，解表，防治感冒。

1

2

3

4

葱白萝卜粥

解表

材料

白萝卜50克，葱白3根，白粥1碗

做法

1. 白萝卜去皮，葱白切段。
2. 用擦子将白萝卜擦成泥。
3. 白粥煮开后，放葱白和白萝卜泥煮约10分钟。
4. 煮好后将葱白夹出即可。

营养知识

1. 葱白中含大蒜素，具有明显的抵御细菌、病毒的作用，可防治感冒、头疼、鼻塞。
2. 白萝卜含芥子油、淀粉酶和粗纤维，具有促进消化、增强食欲、加快胃肠蠕动和止咳化痰的作用。

姜枣茶

解表

材料

生姜20克	红糖15克
红枣40克	清水500毫升

做法

1. 生姜刮去表皮，切成薄片。红枣洗净，去核，切成条状。
2. 汤锅内放入姜片、红枣，加入清水500毫升，煮开后转小火煮20分钟。
3. 煮至汤汁剩下一半时加入红糖，再煮1分钟。
4. 最后将煮好的茶过滤，趁热服用。

功效

发汗解表，温中和胃。用于感冒风寒初起，发热、怕冷、周身酸痛者。

小儿咳嗽

小儿咳嗽常见症状 ▶▶

宝宝咳嗽十分常见，中医认为，宝宝形气未充，肌肤柔弱，防御功能较差，且寒暖不知自调，易为风、寒、热等外邪侵袭，出现"寒咳"与"热咳"。

风热咳嗽：痰色黄稠，不易咳出，常伴有发热、流涕、咳嗽、喉中痰鸣、小便黄赤、大便干燥等症状。

风寒咳嗽：咳嗽频作，痰色白稀薄，呈泡沫状，发热头痛，鼻塞不通，流清涕，或伴有怕冷、畏寒症状，无汗。

如何护理咳嗽的宝宝？ ▶▶

1.鼓励宝宝多休息，兴奋或者运动都会加重咳嗽和痰多。

2.保持室内空气流通，避免煤气、尘烟等刺激。

3.咳嗽期间减少剧烈的户外活动，不要带宝宝去人多的公共场所。

4.关注天气变化，做到及时给宝宝增减衣服，尤其对于寒咳的宝宝，保暖很重要。

5.咳嗽时急速气流会从呼吸道中带走水分，造成黏膜缺水，应注意给孩子多喝水、多吃水果。

6.辛辣甘甜食品会加重宝宝咳嗽症状，要少吃。很多家长喜欢给孩子煮冰糖梨水，如果冰糖放得过多，不但不能起到止咳作用，反而会使咳嗽加重。

7.对于有过敏性咳嗽的孩子，尘螨、粉尘、猫狗毛、霉菌孢子或蟑螂的分泌物等，都可以导致孩子咳嗽。枕头、床垫、棉被、毛绒玩偶等要经常清洗或拿到阳光下曝晒，棉被最好能套上防螨被套；尽量避免养猫狗等宠物。

止咳 烤橘子

烤橘子的镇咳作用非常明显，孩子吃后痰液的量会明显减少，而且味道好，孩子愿意吃。

材料

橘子1个

做法

1.将橘子表皮清洗干净，用叉子将橘子叉住。

2.一边转动叉子一边用小火将橘子表皮烤干。

3.至橘子表皮有些微焦即可。

心得分享

1. 因为是连皮一起制作的，所以在清洗金橘的时候要用盐水搓洗干净。
2. 金橘的籽一定要小心地挑出来，不然会有些微苦味，影响口感。
3. 煮酱的时候，要不时用木铲从锅底搅拌，以免煳底。
4. 要想果酱保存时间长，有两个要点：一是糖的量要足够，因为糖具有防腐的作用。二是水分要煮干，水分过多，果酱就容易坏，一定要煮到浓稠，可以挂在木铲上才行。

材料

金橘500克
冰糖100克

做法

取一大盆水，放入1小匙盐，将金橘放在盐水中浸泡10分钟，再搓洗干净表皮。

将金橘的蒂摘去，横切成片，用筷子将籽捅出来。

将切片的金橘放入搅拌机内，加入清水100毫升，搅拌成细腻的泥状。

将打好的金橘酱倒入小锅内，加入冰糖。

加入清水1碗，中火煮开后转小火熬煮，边煮边用木铲搅拌。

煮约40分钟至金橘酱变得浓稠，可挂在木铲上即可。

将金橘酱自然晾凉，放入干爽、干净的容器内，加盖密封，放入冰箱冷藏，可保存1个月。

止咳 冰糖川贝炖雪梨

材料

川贝5克，雪梨1颗，枸杞子5颗，冰糖20克

做法

1. 雪梨从距顶部1/3处切开，分开梨盖和梨盅。
2. 用汤匙从梨盅内把果核掏出，挖出果肉，用刀剁碎。
3. 川贝用刀压成碎末。
4. 将川贝、梨肉、冰糖放入梨盅内，梨盅放入烧开的蒸锅中，中火蒸制40分钟即可。

心得分享

1. 也可用电压力锅来蒸，30分钟即可。
2. 川贝的味道比较苦，但因为加了冰糖，宝宝比较容易接受。

止咳 罗汉果茶

材料

罗汉果1颗，清水500克

做法

1. 将罗汉果表面的灰尘清洗干净。
2. 将罗汉果用小锤砸碎。
3. 锅内加清水，放入罗汉果碎，用小火煮约10分钟。
4. 用网筛过滤掉果渣，取汁给宝宝饮用即可。

营养知识

　　中医药学认为，罗汉果味甘、酸，性凉，有清热凉血、生津止咳、润肺化痰、滑肠排毒等功效，可用于痰热咳嗽、咽喉肿痛、大便秘结、消渴烦躁诸症。

✳ 小儿肺炎

小儿肺炎常见症状 ▶▶

　　小儿肺炎是威胁我国婴幼儿健康的严重疾病，一年四季均可发生，尤其是气候寒冷的冬春季节。小儿肺炎种类较多，按病理分，有支气管肺炎、大叶性肺炎、毛细支气管肺炎、间质性肺炎等。按病因分，有细菌性肺炎、病毒性肺炎、支原体肺炎、衣原体肺炎、真菌性肺炎、原虫性肺炎及非感染因素（吸入性、坠积性）所引起的肺炎等。按病程分，有急性肺炎（1个月以内）、迁延性肺炎（1个月~3个月）、慢性肺炎（3个月以上）。按病情轻重分，有轻症（仅有呼吸系统症状）和重症（除有呼吸系统症状外，还有较重的全身中毒症状）。

如何护理患肺炎的宝宝？ ▶▶

　　1.要注意加强病儿的营养。肺炎病儿常有高热症状，因而胃口较差，不想吃东西，家长应千方百计地喂养病儿。应让病儿多吃一些既清淡易消化、又有较高营养价值的食物，如可让患儿吃一些做得软烂的营养粥、糊等。

　　2.及时补充充足的水分。餐后可让患儿吃一些水果泥或水果汁，两餐之间要让患儿尽量多喝一些开水、饮料或牛奶。牛奶可适当加点水对稀一点，每次喂少些，增加喂的次数。因为肺炎病儿呼吸频率较快，水分的蒸发比平时多，所以急需补充水分。及时补充充足的水分，是患儿早日康复的重要前提。

　　3.若因咳嗽引起呛奶，要及时清除鼻孔内的乳汁。

特别提醒：小儿肺炎患者应忌高蛋白食物、酸性食物、辛辣食物、生冷食物、油腻食物等。

 清肺 瘦肉白菜汤

🌶 材料

瘦肉、大白菜心各100克，姜、蒜末、鸡油各适量，盐少许

🍲 做法

1. 瘦肉切丝，白菜洗净后切丝，均放入沸水中，焯至刚熟时捞出，放入清水漂净，沥干水分待用。
2. 锅置旺火上，下鸡油烧至五成热，放入蒜末炒至金黄色，再加瘦肉丝合炒，加入少许盐，入汤煮熟，再加白菜心煮沸即可食用。

小儿哮喘

小儿哮喘常见症状 ▶▶

哮喘是一种表现为反复发作性咳嗽、喘鸣和呼吸困难，并伴有气道高反应性的可逆性、梗阻性呼吸道疾病。

哮喘是一种严重危害儿童身体健康的常见慢性呼吸道疾病，其发病率高，常反复发作，严重影响了患儿的生活、活动及学习，影响儿童的生长发育。

如何护理患哮喘的宝宝？ ▶▶

中医辨证属寒性哮喘者，不宜多食偏凉性的食物，如生梨、菠菜、毛笋等，而应进食温性的食物，如羊肉、姜、桂等；热性哮喘则正好相反。荸荠、白萝卜、胡桃肉、红枣、芡实、莲子、山药等具有健脾化痰、益肾养肺之功效，对防止哮喘发作有一定作用。

哮喘发作时，应少吃胀气及难以消化的食物，比如豆类、土豆、地瓜等，避免腹胀压迫胸腔，加重呼吸困难。

小儿哮喘饮食调理 ▶▶

小儿哮喘属于实热者多，故饮食方面，应以清淡、易消化为好。忌油腻、辛辣刺激性饮食，可适当食用些补肾、健脾、益肺的食品。

哮喘患儿应注意六大饮食原则：

①食物不宜过咸、不宜过甜、不宜过腻、不宜过于刺激。具体视个人过敏情况而定。②镁、钙有减少过敏的作用。可多食海带、芝麻、花生、核桃、豆制品、绿叶蔬菜等含镁、钙丰富的食品。③补充足够的优质蛋白质，以满足炎症修复及营养补充，如蛋类、牛奶、瘦肉、鱼等。脂肪类食品不宜进食过多。④增加食用含维生素多的食品，如各种水果、蔬菜。维生素A可以增强机体抗病能力，B族维生素和维生素C可辅助治疗肺部炎症。⑤哮喘发作时出汗多，进食少，使患儿失去较多的水分，所以患儿要多饮水，这有利于稀释痰液，使痰易排出。⑥可多吃一些润肺化痰的食物，如百合、银耳、柑橘、萝卜、梨、藕、蜂蜜等。

银耳麦冬羹

🍯 材料

银耳30克，麦冬12克，淀粉、冰糖各适量

🧺 做法

1. 银耳用温水泡2小时，待发好后去蒂洗净。
2. 麦冬加水煮20分钟，去渣留汁。
3. 将银耳加入麦冬汁中，用小火炖烂，加淀粉及冰糖调匀，煮沸后食用即可。

🍯 功效

润肺养阴，用于肺阴虚哮喘。

*小儿便秘

如何判断宝宝患了便秘？ ▶▶

判断1：根据排便次数

正常宝宝1~2天排便1次，如果宝宝3~5天才排便一次，而且排便时非常费劲，小脸涨得通红，憋得直哭，说明宝宝便秘了。

判断2：根据大便性状

正常宝宝的大便是湿润的黄色条状，而便秘宝宝的大便是颗粒状的，干燥坚硬，这是因为大便在肠内积蓄太久，水分已经被吸干。

如何护理便秘的宝宝？ ▶▶

1.找出原因

母乳喂养的宝宝比较不容易便秘，因为母乳中含有低聚糖等丰富的营养，不会让宝宝上火。

如果是配方奶喂养，可把配方奶稀释，给宝宝吃一些果泥、菜泥、鲜榨果蔬汁、白开水，以增加肠道内的纤维素，促进胃肠蠕动，帮助排便。

2.采用食疗法进行治疗

妈妈给宝宝合理的饮食搭配不仅可以有效预防便秘发生，而且对已有的便秘也有良好的治疗作用。给宝宝搭配的食物中鱼、肉、蛋与谷物的比例要均衡，便秘时增加蔬果类的摄入，尽量吃些清淡的食物，还可以多添加一些含纤维素的食物，帮助宝宝的肠胃蠕动。

给宝宝喝"妈咪爱"益生菌也是不错的选择。

3.训练宝宝排便习惯

我家佑佑就是个便秘宝宝，经常几天才拉一次便便。原因是我从来不把便，一直给她系着尿不湿。

后来接近两岁的时候，婆婆来帮我带佑佑。婆婆很快就训练佑佑学会了自己大小便。从此之后，佑佑每天都会定时大便，再没有便秘的困扰了。所以，妈妈们不要嫌麻烦，每天要定时定点给宝宝把1~2次便。

别看孩子小，他们可是很聪明的，养成习惯以后，一进洗手间就知道，要"便便"了。

4.增加宝宝的运动量

1~6个月的宝宝，可以做腹部按摩。用手掌在宝宝肚脐位置，顺时针方向转圈。如此按摩十几下，力度可以略重一些。这个方法非常有效哦！有一次佑佑一周都没有大便了，去了诊所，医生当场给佑佑如此按摩了一番。回家10分钟左右，佑佑就便便了。

对6个月以后的宝宝，可用玩具逗引孩子多运动，增加活动量。

万不得已时可用开塞露。开塞露一般只要用一半药液即可，挤入后要让药液停留在肠内至少3分钟，让药液软化粪块再排便，若挤入后立即拉出，那就白费了，而且更增加了宝宝的痛苦。

通便 南瓜绿豆粥

材料

南瓜100 克，绿豆80克，粳米80克

做法

1. 将南瓜去皮、瓤，切成1厘米大小的块状。粳米和绿豆洗净。
2. 将粳米、绿豆、南瓜一起放入电压力锅中，加适量水。
3. 按下"煮粥"键，约30分钟后跳至"保温"键即可。

心得
分享

　　南瓜富含膳食纤维，绿豆有清热解毒、生津止渴的作用。二者同食有良好的保健作用。适合因上火而便秘的宝宝吃。

通便 西蓝花南瓜汤

材料

西蓝花30克，南瓜50克，鸡胸肉20克

做法

1. 将南瓜去皮、瓤，切成薄片。西蓝花切成小朵。鸡胸肉剁成泥。汤锅内烧开水，放入西蓝花余烫1分钟后捞起。
2. 汤锅内重新加入水，烧开后放入南瓜片，小火煮5分钟。
3. 再加入西蓝花、鸡肉泥，煮3分钟后关火。
4. 将煮好的汤放至温热，倒入搅拌机内搅碎，再重新倒入锅内加热即可食用。

材料

• 脱皮杏仁150克
  （南杏仁和北杏仁各一半）
  糯米粉15克
  白糖适量

心得分享

杏仁性温味苦，止咳定喘，对伤风感冒引起的咳嗽多痰，气喘气促有治疗功效。杏仁糊的卡路里含量较芝麻糊略低，而杏仁含丰富的脂肪、蛋白质、铁质及钙质，有促细胞生长的效力，常吃有助滋润肌肤。另外杏仁亦有滑肠作用，可以帮助宝宝润肠通便。

做法

1 杏仁用凉水提前浸泡2小时。

2 泡好的杏仁倒入搅拌机内，加清水450毫升，搅拌5分钟至杏仁全部搅碎。

3 将搅拌好的杏仁浆用过滤网过滤出残渣。

4 糯米粉加清水50毫升在碗内调匀备用。

将滤好的杏仁浆倒入小锅里，用小火煮至沸腾，慢慢倒入糯米粉水，一边倒一边用汤匙搅拌锅底。

至杏仁浆煮成糊状即可。大龄宝宝可加些糖食用。

❋ 小儿腹泻

如何判断宝宝患了腹泻？ ▶▶

宝宝出生1~2个月时，吃母乳的宝宝都容易拉稀。一天拉上3~5次的稀便，或便中混有硬块，或多少带有黏液等情况，都不必过于担心。到第3个月时，宝宝的消化器官逐渐成熟后，大便的次数就逐渐减少，大便也变成条状。

判断1：根据排便次数

正常宝宝的大便一般每天1~2次，呈黄色条状物。如宝宝一天的排便次数明显增多，轻者4~6次，重者可达10次以上，甚至数十次，说明宝宝患腹泻了。

判断2：根据大便性状

腹泻宝宝的大便通常为稀水便、蛋花汤样便，有时是黏液便或是脓血便，宝宝同时伴有吐奶、腹胀、发热、烦躁不安、精神不佳等。

如何护理腹淀的宝宝？ ▶▶

1.腹泻次数多的宝宝容易脱水，不能耽误，必须尽快就医。取最近一次的大便样本去医院化验，样本的存留时间不能超过2小时。

2.找出造成腹泻的原因。母乳喂养的宝宝，是否妈妈也同时有腹泻的症状？如果是，建议先改喝配方奶，直至妈妈的腹泻痊愈。配方奶喂养的宝宝，要检查是否奶瓶及奶嘴的消毒不过关，或者是否因为换了新品牌的奶粉而造成不适。

3.采用食疗法进行治疗：不要给宝宝吃过多生冷寒凉的东西，生的蔬果也暂时停喂。改喂一些具有止泻功效的食物，如稀释牛奶、焦米汤、小米粥、煮熟的苹果泥等。

4.注意不要让宝宝的腹部着凉，可以买宝宝专用的腹带穿在腹部。宝宝拉稀的次数多，肛门处会出现红疹，每次大便后要用温水擦洗干净，并用纱巾擦干爽，在肛门附近擦上宝宝金油，红疹很快就会好了。

止泻 胡萝卜泥

胡萝卜可抑制肠道蠕动，因消化不良而引起腹泻的宝宝可适当食用。

🥄 材料

胡萝卜1根　　　橄榄油2滴

🥄 做法

1.将胡萝卜刮去表皮，切成薄片。

2.将胡萝卜片放在不锈钢盘上，上锅蒸20分钟至软烂。

3.将胡萝卜片用宝宝辅食滤网压成泥状，滴上2滴橄榄油混合即可。

1　　　2　　　3

白扁豆瘦肉汤

白扁豆含有蛋白质、脂肪、氨基酸、维生素A、维生素B族、维生素D、维生素C及生物碱、糖类、钙、磷、铁等，具有健脾化湿之功效。此汤用于婴幼儿脾虚泄泻、消化不良、暑湿泻下等症。

材料

白扁豆50克，猪瘦肉100克，盐1/2小匙

做法

1. 将猪瘦肉洗净，切成5毫米大小的方块。
2. 白扁豆用清水提前浸泡4小时，脱去表皮。
3. 汤锅内烧开水，放入瘦肉氽烫一下，捞起。
4. 汤锅内重新加入1000毫升清水，放入猪瘦肉、白扁豆，大火煮开后转小火煮1小时。加入盐调味即可。

栗子糯米粥

材料

栗子2颗，糯米50克

做法

1. 将栗子剥去外壳，糯米洗净。
2. 将栗子和糯米放入电压力锅内，倒入清水500毫升。
3. 开启"煮粥"程序，约30分钟后跳至"保温"档即可。
4. 将栗子取出，用宝宝辅食过滤网压成泥，拌入糯米粥内即可。

 心得分享

糯米粥富含B族维生素，能温暖脾胃、补益中气，对脾胃虚寒、食欲不佳、腹胀腹泻有一定缓解作用。

 焦米汤

　　焦米容易消化，制成的焦米汤不含乳糖，最适宜于乳糖酶暂时降低的腹泻婴儿食用。其中被炒焦的部分能吸附肠黏膜上的有害物质，使之排出体外。宝宝腹泻严重时宜先用稀米汤，待病情见好再改用稠米汤。

材料

糯米50克

做法

1. 将糯米放在小锅里，用小火炒至表面变焦黄色，香气逸出。
2. 加入清水750毫升，大火煮开，转小火煮至大米膨胀、米汤变浓稠即可。

用法 待米汤变温热时喂宝宝食用，一日两次。

山药薏仁粥

　　山药含有淀粉酶、多酚氧化酶等物质，有利于脾胃消化吸收功能，是一味平补脾胃的药食两用之品。这道山药薏仁粥适用于脾胃虚弱、食少体倦、泄泻等病症。

材料

山药50克，薏仁30克，大米50克

做法

1. 将山药去皮，切成5毫米大小的方块。
2. 薏仁提前用清水浸泡3小时以上。
3. 将薏仁和大米洗净，放入锅内，加入清水1000毫升，大火煮开后改成小火熬煮30分钟。
4. 加入切成小丁的山药块，再煮约20分钟，至山药块熟透即可。

❋ 小儿消化不良

小儿消化不良常见症状 ▶▶

　　小儿消化不良，中医称之为疳积，是小儿时期尤其是1～5岁儿童的一种常见病，是指由于儿童摄入营养不均衡，或由多种疾病的影响，使脾胃受损而导致全身虚弱、面黄消瘦、发枯等慢性病证。疳证与麻疹、惊风、天花并称为儿科四大证。现在的疳积多由营养失衡造成。

小儿消化不良饮食调理 ▶▶

　　应注意遵循先稀后干、先素后荤、先少后多、先软后硬的原则。注意营养搭配，必要时应中西医结合治疗。

　　家长若盲目地为宝宝加强营养，反而会加重其脾胃的负荷，伤害脾胃之气，导致滞积中焦，使食欲下降，营养缺乏，因此，家长应注意给宝宝均衡的饮食，不可偏食。

止呕 香姜牛奶

🥄 材料

丁香2粒，姜汁1茶匙，牛奶250毫升，白糖适量

🥣 做法

将丁香、姜汁、牛奶同放入锅中煮沸，捞出丁香不用，加适量白糖调味饮用即可。

🥄 功效

补益、降逆气、止呕吐，适用于疳积瘦弱、食后即吐的患儿。

开胃 萝卜番茄汤

🥄 材料

胡萝卜、番茄、鸡蛋各适量，姜丝、葱花、油、白糖、清汤各适量，盐少许

🥣 做法

1. 胡萝卜、番茄洗净，去皮切片。
2. 热锅下油，煸炒姜丝，放胡萝卜片翻炒，加清汤后烧开，加番茄，调少许盐、白糖，倒入打散的鸡蛋，撒葱花即可。

小儿厌食

如何判断宝宝患了厌食证？▶▶

厌食症又叫恶食症，是指小儿除其他急慢性疾病外而较长时间食欲不振或食欲减退，甚至拒食的一种病症。一般各年龄段都可发病，但以1～6岁幼儿尤为多见。本病起病缓慢，病程较长，长期厌食患儿由于进食较少，可产生营养不良，出现消瘦、面色萎黄、体力衰弱、抗病力下降，易反复感冒，甚至影响生长发育，会出现智力低下的现象。

如何护理厌食的宝宝？▶▶

注意纠正小儿吃零食、偏食、挑食、饮食不按时、食量不定等各种不良习惯，少食肥甘厚味、生冷干硬等不易消化的食物。也不要让孩子长期食用过于精细的食物，应鼓励小儿多吃蔬菜和粗粮、杂粮。

不要因为孩子厌食就让孩子多吃补品、补药。这样做不但起不到什么积极作用，反而会使孩子进一步加重厌食。

厌食宝宝的饮食调理 ▶▶

对患有厌食症的婴幼儿，家长在治疗初期可投其所好，他喜欢吃什么就给他吃什么，待开胃进食后，再按所缺营养，慢慢添加、补充，以逐步使其得到调整。

给孩子提供的食物应尽量是营养丰富、容易消化的食品，少让孩子食用肥甘黏腻之品，如糖果、巧克力及油炸物品等。夏季注意不要让孩子过食饮料、冷饮。一年四季都注意不要给孩子滥用补品、补药，牢记"药补不如食补"。

 养胃 **猪肚粥**

材料

生猪肚200克，大米50克，葱、姜各适量，盐少许

做法

1. 生猪肚洗净，加适量水，煮至七成熟捞出。
2. 用刀切成细丝，备用。
3. 大米淘洗干净，与熟猪肚、猪肚汤一起煮成粥，再加葱、姜和少许盐调味，食用即可。

功效

主治脾胃气虚型小儿厌食症，适用于经常消化不良、消渴以及消瘦、疲倦等。

* 小儿肥胖

小儿肥胖常见症状 ▶

　　肥胖是指体内脂肪的过分堆积，因体内脂肪聚积过多，使体重超过按身高计算的标准体重的20％，即称为肥胖症。这是一种营养紊乱性疾病，其特点是机体脂肪含量过多而致体重过高。

　　如果小儿体重虽高，但脂肪含量并不过多，则不能诊断为肥胖症。

肥胖宝宝的饮食调理 ▶

　　在饮食管理方面，既要达到减肥的目的，又要考虑小儿生长发育的需要。为满足小儿食欲，可给其吃大量蔬菜、水果，逐步使其习惯于每餐进食量的减少。小儿肥胖症不宜盲目采取厌食或药物减肥治疗，因其会影响孩子的生长发育。

　　肥胖患儿的食品应以蔬菜、水果、米饭、素食为主，外加适量的蛋白质。

清肠 木耳黄瓜

材料

黄瓜500克，水发木耳50克，白糖适量，酱油、盐各少许

做法

1. 黄瓜洗净，切薄片，撒上盐腌10分钟左右，挤去水分放在盘中。
2. 酱油内加适量白糖调匀后备用。将水发木耳挤干水分后撕成小片，放入黄瓜盘内，食用前倒入用酱油、白糖调好的汁，搅匀即成。

均衡营养 荸荠肉片

材料

荸荠200克，猪瘦肉100克，鸡蛋清50克，植物油、黄酒各适量，盐少许

做法

1. 猪瘦肉切薄片，拌入鸡蛋清，和匀待用。将荸荠洗净，去皮后切成薄片。
2. 锅入油，烧五成熟，下入肉片，加黄酒和少许盐，炒至肉片呈黄白色时起锅，沥去油。锅留余油烧热，加荸荠片，快炒后加肉片同炒，调味即成。

✳ 小儿贫血

小儿贫血常见症状及预防 ▶▶

缺铁性贫血多发于6个月至3岁的宝宝。一般缺铁性贫血宝宝常常有烦躁不安、精神不振、活动减少、食欲减退、皮肤苍白、指甲变形等表征，较大的宝宝还可能跟家长说自己老是疲乏无力、头晕耳鸣、心慌气短。

预防婴幼儿的缺铁性贫血，须选择富含铁的食物。下面介绍一些铁含量和吸收利用率均较高的食品，以供参考。

动物肝脏：动物肝脏富含多种营养素，是预防缺铁性贫血的首选食品。如每100克猪肝含铁25毫克，且较易被人体吸收。动物肝脏可加工成各种形式的儿童食品，如肝泥等。

各种瘦肉：瘦肉里含铁量不算太高，但铁的利用率很高，与猪肝相近。

鸡蛋黄：每100克鸡蛋黄含铁 7毫克，尽管铁吸收率只有3％，但鸡蛋原料易得，食用保存方便，而且还富含其他营养素，所以它仍不失为婴幼儿补充铁的一种较好的辅助食品。

动物血液：猪血、鸡血、鸭血等动物血液里所含铁的利用率为12％。

黄豆及其制品：每100克黄豆中含铁 11毫克，人体利用率为7％，远较米、面中的铁利用率为高。

芝麻酱：芝麻酱富含多种营养素，是一种极好的婴幼儿营养食品。每100克芝麻酱含铁58毫克，同时还含有丰富的钙、磷、蛋白质和脂肪，添加在婴幼儿食品中，深受孩子们欢迎。

黑木耳：黑木耳含铁量很高，比一般肉类高100倍，堪称"含铁之冠"。

此外海带、紫菜等水产品也是较好的补铁食品。

补血 红枣银耳粥

🧄 材料

粳米50克，红枣50克，银耳15克

🍲 做法

将银耳提前用凉水泡发20分钟，洗净切碎。红枣切开，取出枣核。粳米淘洗净。

将银耳、红枣、粳米一同放入锅内，加入清水500毫升，大火煮开，转小火熬煮约30分钟，至粥变得浓稠。

心得分享

1. 银耳忌用开水泡，应用凉水泡。泡发后要去掉未发开的，特别是那些呈淡黄色的部分。
2. 不宜饮用隔夜银耳汤。银耳汤过夜后，会产生大量的亚硝酸盐，饮后易导致亚硝酸盐中毒。

补血 红枣花生粥

🦋 材料

红枣5颗
红衣花生米50克
白米50克

🍚 做法

1. 将花生提前用凉水浸泡4小时以上。
2. 白米和花生、红枣分别洗净，放入小锅内，加入清水750毫升，大火煮开后转小火熬煮约30分钟，至粥变浓稠即可。

营养知识

　　花生含丰富的脂肪和蛋白质，以及多种维生素和矿物质，特别是含有多种人体必需的氨基酸，有促进脑细胞发育、增强记忆的功能。

补血 紫米莲子粥

🦋 材料

紫米100克
红枣10颗
去芯白莲子10颗
桂圆10颗

🍚 做法

1. 将紫米和莲子分别用清水浸泡4小时以上。
2. 红枣去核洗净，桂圆剥去壳。
3. 将紫米、红枣、莲子、桂圆肉一起放入电压力锅中。
4. 加入清水500毫升，按下"煮粥"键，约30分钟后跳至"保温"档后即可。

小儿湿疹

小儿湿疹常见症状 ▶▶

　　小儿湿疹是婴儿时期常见的皮肤病之一，俗称"奶癣"，是一种对牛奶、母乳和鸡蛋白等食物过敏而引起的变态反应皮肤病，它也可能是一种由遗传性因素引起的皮肤病。小儿湿疹一般出现在出生后1月到2岁之间，常发生于双颊、头皮、额部、眉间、颈部、颌下或耳后等部位。

如何护理患湿疹的宝宝？ ▶▶

　　用母乳喂养的婴儿如患湿疹，乳母应暂停吃引起过敏的食物。

　　对牛奶过敏的婴儿应改母乳、羊奶或奶粉喂养，或将牛奶多煮一会儿，或牛奶加1/3或1/2的米汤，以后根据孩子消化吸收情况逐渐由稀到浓增加奶量。母乳喂养的婴儿要缩短喂奶时间，两次喂奶之间可喂淡菜水或淡果汁。

清热解毒 苦参鸡蛋

🥄 材料
鸡蛋1个，苦参30克，红糖适量

🥣 做法
将苦参入锅，加水后煎成浓汁，去除渣滓，再加入红糖和打散的鸡蛋，煮熟即可。

🥄 功效
苦参可清热解毒，鸡蛋能润燥和胃。本汤可起到清热除湿、解毒润燥的作用，主治婴幼儿湿疹等。

清利湿热 玉米须芯汤

🥄 材料
玉米须15克，玉米芯30克，冰糖适量

🥣 做法
锅中放水，加入玉米须、玉米芯煎煮，去渣取汁，加冰糖调味，代茶饮用。可连服5～7次。

🥄 功效
主要治疗脾虚型亚急性湿疹，其主要症状为肤色暗红、有少许液体渗出、部分干燥结痂且反复发作。

*小儿水痘

小儿水痘常见症状 ▶▶

水痘，又称水花、水疮、水疱，是一种由外感病毒引起的急性出疹性传染病，以发热、全身皮肤成片出现丘疹、疱疹、结痂为主要特征。其传染性极强，经接触或飞沫传染，一年四季都可发病，但以冬春两季多见。因其疱疹明亮如水，形态椭圆，状如豆粒，故称为水痘。患了水痘一般愈后良好，发病后可获终身免疫，极少有再次发病。

如何护理患水痘的宝宝？ ▶▶

注意休息和饮食调理。小儿患了水痘后，应注意让病儿多休息，特别是发热时，更应让病儿卧床休息。还应注意加强小儿的营养，要让患儿多饮开水和果汁，适量吃些容易消化又富有营养的食物。

中医认为水痘是因体内有湿热蕴郁、外感时邪病毒而致，所以不用特别加强营养，宜清淡饮食，可吃些稀粥、米汤、牛奶、面条和面包，还可加些豆制品、猪瘦肉等。

在出水痘期间，患病的孩子因发热可出现大便干燥，此时需要补充足够的水分，要多饮水，多吃新鲜水果及蔬菜，如饮用西瓜汁、鲜梨汁、鲜橘汁和番茄汁。多吃些带叶子的蔬菜，如白菜、芹菜、菠菜、豆芽菜。带叶子的蔬菜中含有较多的粗纤维，可助于清除体内积热而通大便；也可吃清热利湿的冬瓜、黄瓜等。

患儿忌生冷、油腻食物；忌发物，如虾、螃蟹、牛肉、羊肉、香菜、茴香、菌类等内含丰富蛋白质的食物；忌辛辣刺激性食物，如辣椒、胡椒、姜和蒜等。

疏风清热 胡萝卜汤

🧄 材料

胡萝卜100克，白糖适量

🫙 做法

将胡萝卜洗净，切成薄片，放入锅中，加入适量清水，煮汤至胡萝卜熟烂，加适量白糖调味即可。

🧄 功效

可用于治疗水痘，症见发热、疹色红、疱液清，兼有口腔溃疡等。

✳ 小儿多汗

小儿多汗常见症状 ▶▶

　　小儿多汗，中医称之为汗证，是指不正常出汗的一种病症，即在安静状态下，全身或局部出汗过多，甚至大汗淋漓，有自汗、盗汗之分。睡中汗出，醒时汗止者称"盗汗"；不分时间，无故出汗者称"自汗"。

如何护理多汗的宝宝？ ▶▶

　　家长应坚持和中医师配合调理小儿虚弱体质，以达到改善体质的目的。

　　患儿一般体质虚弱，所以三餐宜喂食容易吸收且营养均衡的食物。最好能吃些具有止汗作用的食物，如乌梅、大枣、黑豆、泥鳅、乌骨鸡、酸枣仁、牡蛎、小麦、燕麦等。

　　如果幼儿兼有食欲不振、厌食等状况，建议可添加一些有补益固肾效果的食品，如莲子肉、桑葚、芡实、龙眼肉、山药、扁豆等。

补益 海参粥

🥄 材料

水发海参、粳米各50克，盐少许

🍲 做法

1. 将水发海参洗净，切成块；粳米淘洗干净。
2. 锅置火上，加入适量清水、粳米、海参煮粥，将熟时调入少许盐即可。

固表 小麦大枣粥

🥄 材料

浮小麦50克，大枣6颗，糯米60克

🍲 做法

将浮小麦、大枣、糯米淘洗干净，入锅后加热，放入清水，先用旺火烧开，再用文火煮成粥即可。

🥄 功效

固表敛汗，养胃健脾。

✳ 小儿遗尿

小儿遗尿常见症状 ▶▶

　　遗尿症又叫尿床，是指小儿已达到膀胱能控制排尿的年龄而仍在睡眠中小便自遗的一种病症。轻者数日一次，中度者1周2~3次，重度者1日1次甚至1日数次。

遗尿宝宝的饮食调理 ▶▶

　　宜食食物：肾气不足者宜食糯米、鸡内金、鱼鳔、山药、莲子、韭菜、黑芝麻、桂圆、乌梅等；肝胆火旺者宜食粳米、山药、莲子、鸡内金、豆腐、银耳、绿豆、赤豆、鸭肉等；患儿晚餐宜吃干饭，以减少摄水量；补充营养宜吃猪腰、猪肝和猪肉等食物。

　　此外，根据体质不同，注意采取不同的饮食。凡是体质虚弱、怕冷、夜间遗尿，尿色淡黄或如清水、量多的，宜选用具有温补作用的食物，如狗肉、羊肉、猪

如何护理遗尿的宝宝 ▶▶

　　对于患了遗尿症的患儿应给予耐心教育。下午4时以后，不要用流质饮食，晚餐饭菜中尽量减少盐量，并让小儿少喝水，以减少膀胱尿量，防止夜间尿床。

腰、兔肉、乌龟、木耳等为原料的食品；如果体质偏热，平时烦躁，大便干，夜间遗尿色偏黄、气味特别臭的，宜选择冬瓜、黄瓜、丝瓜、苦瓜及由这类食物烹调的食物。

　　忌食食物：忌牛奶、巧克力、柑、橘；忌辛辣、刺激性食物；白天应适当限制饮水，忌晚餐后多饮水；忌多盐、糖和生冷食物；忌玉米、薏仁、赤小豆、鲤鱼、西瓜等。这些食物因味甘淡，利尿作用明显，会加重遗尿病情，故应忌食。

温中止遗 韭菜根粥

🥜 材料

粳米、韭菜根各60克，盐少许

🧂 做法

1. 取新鲜韭菜根部，洗净，切细末。
2. 粳米淘洗干净，放入锅中，待粥沸后，加入韭菜和少许盐，同煮成稀粥即可。

🥜 功效

适用于脾肾阳虚所致腹中冷痛，泄泻或便秘，小便频数，小儿遗尿等症。

✳ 小儿蛔虫病

蛔虫病常见症状 ▶▶

　　蛔虫病是小儿时期由蛔虫寄生于人体肠道而引起的一种最常见的寄生虫病。人感染蛔虫后，最初大多无自觉症状，但随着蛔虫的成长，临床常以食欲异常、脐周疼痛、时作时止、大便下虫或粪便镜检有蛔虫卵为特征。

蛔虫病患儿饮食调理 ▶▶

　　① 宜给予易消化、高热量、高蛋白质的饮食，如主食米饭、面条、面饼。
　　② 可食用含糖分高的糕点、糖果等食物。

如何护理患蛔虫病的宝宝 ▶▶

　　宝宝要坚持饭前便后洗手，不吸吮手指头，常剪指甲。不乱吃生冷及未经洗净的瓜果，蔬菜一定要经烹炒，凉拌菜一定要经彻底清洗或消毒处理。消灭苍蝇、蟑螂，不吃被它们爬过的食物。
　　服用蛔虫药时，一定要少吃易"产气"的食物，如萝卜、红薯等。应多喝水，多吃含大量植物纤维素的食物。

　　③ 多吃些鸡蛋、动物瘦肉、乳品、黄豆及其制品。
　　④ 多吃些含维生素的食物，如新鲜蔬菜、水果等。

驱虫 梅椒煎子

🥄 材料
　　花椒10克，乌梅15克

🧂 做法
　　将花椒、乌梅入锅，用水煎。每日1剂两煎，分次服用即可。

驱虫 瓜仁丸

🥄 材料
　　生丝瓜子适量

🧂 做法
　　将生丝瓜子去皮取仁，空腹温水送服即可。

图书在版编目（ＣＩＰ）数据

健康宝宝餐（0~3岁宝宝饮食优选方案）/ 圆猪猪编著. —— 青岛：青岛出版社， 2015.2
（巧厨娘第3季）
ISBN 978-7-5552-1279-9

Ⅰ.①健… Ⅱ.①圆… Ⅲ.①婴幼儿—食谱 Ⅳ.①TS972.162

中国版本图书馆CIP数据核字(2014)第277814号

健康宝宝餐

书　　　　名	健康宝宝餐（0~3岁宝宝饮食优选方案）
编　　　　著	圆猪猪
出 版 发 行	青岛出版社
社　　　　址	青岛市海尔路182号（266061）
本 社 网 址	http://www.qdpub.com
邮 购 电 话	13335059110　0532-85814750（传真）　0532-68068026
策 划 组 稿	周鸿媛
责 任 编 辑	杨子涵　肖　雷
设 计 制 作	毕晓郁　宋修仪
制　　　　版	青岛艺鑫制版印刷有限公司
印　　　　刷	青岛海蓝印刷有限责任公司
出 版 日 期	2018年4月第2版　2018年4月第6次印刷
开　　　　本	16开（710毫米×1010毫米）
印　　　　张	15
字　　　　数	200千
图　　　　数	1753幅
印　　　　数	46501-49500
书　　　　号	ISBN 978-7-5552-1279-9
定　　　　价	39.80元

编校印装质量、盗版监督服务电话 4006532017 0532-68068638
建议陈列类别：美食类 生活类

福泰玉青瓷茶具·万马奔腾

"煎炒宜盘，汤羹宜碗，参错其间，方觉生色"，一语道破美食与美器的相得益彰。
对于美器，外形之美固然悦目，器具本身的健康环保才是美之根本。
福泰陶瓷高温烧制，无铅无镉，吸水率低，抗菌性强，釉面光滑，
不易磨损，永不褪色，为您的健康保驾护航。
福泰陶瓷，一切努力只为您的健康。

福泰陶瓷

国瓷 国窑 国学 国画

网址：www.futaitaoci.com
电话：0533-3190633、0533-2110999
公司地址：山东省淄博市博山区八陡镇福山
形象店地址： 山东省淄博市张店区柳泉路11号（市交警支队北临）

欢迎关注福泰官方微信平台

巧厨娘第1季（8册）

圆猪猪

巧厨娘第2季（6册）

Candey

巧厨娘一本全（2册）

蝶儿

美食生活网微信

美食生活网
meishilife.com

喜欢我就关注我，实用美食资讯、精彩好礼天天送！